PETIT MANUEL DE RÉSISTANCE CONTEMPORAINE
CYRIL DION

未来を創造する物語

現代のレジスタンス実践ガイド

シリル・ディオン
丸山亮・竹上沙希子 訳

新評論

日本の読者の皆さんへ

これからお読みいただく内容に、皆さんは言葉を失うかもしれません。

皆さんから遠く離れた地球の反対側、フランスはパリのすぐ近くで、私はこの文章を書きました。なので、皆さんがここ日本でこの本をお読みになると考えると、とても不思議な気持ちになります。

とはいえ、国境という概念《がいねん》を超え、私たちがヒトという一つの種《しゅ》であると考えることは、いまだかつてないほどの重要性を帯びてきています。ロサンゼルスで起きていることが、バマコ（マリ共和国の首都）やバンコク、リオ・デ・ジャネイロやベルリンで起こることに直接的な影響を及ぼしているのです。

地球温暖化は私たちの手によって進行しています。地球の地質さえも、私たちの手で造り変えられています。このことから、科学者たちは今の時代を「人新世《アントロポセン》*」と名づけました。人間が生態系の

*二〇〇〇年にオランダの大気化学者パウル・クルッツェンとアメリカの藻《そう》類生態学者ユージーン・ストーマーが提唱した地質年代区分。人類の活動が環境や生態系に地球規模の変化をもたらした時代区分として用いられる。

バランスをかき乱したことで、何十万種もの生物が地球上から消滅しました。事態は非常に深刻です。今や人類の生存が危惧《きぐ》されています。

しかしながら、これらのことはどこか遠くで起こっていることのように思われています。私たちの身の回りで、そのような変動の兆候を感じ取る機会がどれほどあるでしょう。極端に気温の高くなった夏でしょうか？　長距離のドライブの後でも虫がついた痕跡《こんせき》のない車のフロントガラスでしょうか？　昔ほど鳥のさえずりが聴《き》かれなくなった野原でしょうか？　台風や嵐、干ばつ、山火事といった、年々増え続ける異常気象がもたらす災害からは、もしかしたらその兆候が感じ取れるかもしれません。

それらを除けば、私たちの日常に何ら異常な点は見受けられません。地下鉄は平常通り運行しているし、高速道路の入り口には車の列ができています。ショッピングセンターの看板は煌々《こうこう》と輝いています。何億人もの人々が、普段通りスーパーマーケットの通路を行き交い、オンラインの動画配信サービスで好きなドラマを視聴し、ソーシャルネットワークに投稿し、「いいね！」を付け、仕事に行き、娯楽を楽しんでいます。これまでと同じように、新しい季節が巡ってきます。窓を開ければ、私たちの瞳《ひとみ》に映るのはいつもと変わらぬ世界です。

そうした状況の中では、砂漠の真ん中で独り声を張り上げているような心持ちになることも少なくありません。行動のための活力をくれるようなものは、どこにも見当たらないのです。ところがエコロジストでいるには、並々ならぬ努力が必要です。友人に招かれた食事の席で肉や魚を断る、食品から水に至るまで、プラスチックで包装された商品を買わない、自転車で移動する…決して楽なことではありません。さらに、新しいスマートフォンや流行のスニーカー、憧《あこが》れの車など、次から次へと押し寄せるモノを買いたいという衝動《しょうどう》にも抵抗しなければなりません。つまり、少しのモノで満足するということです。

私たちに必要なのは、「レス・イズ・モア」（less is more）〔少ないことは豊かなことである、という意味〕とも表現される、ある種のミニマリズム〔最小限のモノだけで生活すること〕です。あらゆる研究がこのことを証明しています。温室効果ガスの排出を大幅に削減《さくげん》し、森やサンゴ礁《しょう》、マングローブ、海藻《かいそう》を守るための唯一の方法は、私たちの桁外《けたはず》れの欲望を抑制し、廃棄物という概念の存在しない、生命が生命を育んでいく生態系から学ぶことです。電気自動車や有機食品の大量生産、スマートフォンのリサイクルによって現在のような生活を維持できる――そのように訴えるグリーンエコノミーは、残念ながらまったくの幻想です。そのような生活に必要なだけの資源が地球にはないからです。デジタル技術の発達による「脱物質化」が謳《うた》われていますが、実際にはかつてないほどに資源は消費され、鉱山の採掘は加速度的に進んでいます。スマートフォンやコンピューター、タブレット、その他デジタル機器の製造には、大量の資源が必要だからです。サーバーやデータセンター、ＩＣチップ、グラフィックボード、バッテリー、ハードディスクが、今の私たちの生活には欠かせないからです。

ただひたすら所有を追求するこの世界を作り出しているのは、私たち一人ひとりです。人間が生産者＝消費者として生きるために生まれてきたという考え方です。しかし、私たちはそんなことのために生まれてきたのではありません。頬《ほお》をなでる風を感じ、愛する人の肌に触《ふ》れ、樹齢一〇〇年を超す樹々の声を聴き、自分が何者であるかを発見し、そして才能を発揮するために生まれてきたのです。これまでに多くの人から、次のような質問を受けてきました。何から始めればよいのか？どうやって取りかかればよいのか？

もちろん、できることはいくらでも挙げることができます。地域で栽培された有機野菜を買う、リサイクルをする、堆肥《コンポスト》づくりをする、徒歩か自転車で移動する、電気をこまめに消す、モノを捨てずに直して使う、新品ではなく中古品を買う…。

けれども本当に大切なことは、「幸福で簡素な生活」というピエール・ラビ〔後述。本文三八頁訳注参照〕の言葉に表されています。モノを手放すこと、買い物や食事、専有する土地を減らし、地球環境への負担を軽くすること。所有から存在へと意識を向け直すこと。より多くを所有する力の中にではなく、日々の着実な充足の中に、あるいは自身を取り囲む世界をより鮮明に感じることの中に、さらには愛する人たちとの結びつきをより強めることの中に、そして存在の小さな喜びを見出し、それを享受《きょうじゅ》することの中に、幸福を求めること。この本を読んで、あなたの胸にその道を追求したいという想いが芽生《めば》えたのなら、この上ない喜びです。この本がそれを実践する力になれば、なお幸いです。

いつの日かフランスで、あるいは日本でお会いできることを楽しみにしています。

二〇一九年一一月二〇日

シリル・ディオン

未来を創造する物語／目次

凡例

一　行間番号1、2、3…は原注を示し巻末に収めた。
一　行間番号Ⅰ、Ⅱ、Ⅲ…および本文中の〔　〕は原著者の補足。
一　本文中の〔　〕および行間＊、＊＊、＊＊＊…は訳者の補足。

未来を創造する物語

現代のレジスタンス実践ガイド

Cet ouvrage a bénéficié du soutien des Programmes d'aide à la publication de l'Institut français.
本書は、アンスティチュ・フランセ・パリ本部の出版助成プログラムの助成を受けています。

Cyril Dion

PETIT MANUEL DE RÉSISTANCE CONTEMPORAINE
RÉCITS ET STRATÉGIES POUR TRANSFORMER LE MONDE

今こそモノを追い求める社会から人に向かう社会へと生まれ変わる時だ。機械やコンピューター、利益や所有権が人間よりも大切であると考える限り、人種差別、実利主義、軍国主義という三つの強大な敵を打ち倒すことはできない。

マーティン・ルーサー・キング・ジュニア
「ベトナムを超えて　沈黙を破るとき」
一九六七年四月四日、ニューヨークでの演説

はじめに

「なぜあなたの主張は心に響《ひび》かないのでしょうか？　習慣を変えようと思っても変えられない私のような人を、どうやって説得するおつもりですか？」

二〇一五年一二月九日、ある有名なテレビ番組のステージ。画面の向こう側には三〇〇万人の視聴者が、気のない視線で議論を眺《なが》めていることだろう。私の正面の肘掛《ひじか》け椅子《いす》にはヤン・アルテュス＝ベルトラン〔一九四六―、フランスの写真家・映画監督・エコロジスト〕[I]がうんざりした様子で座っている。

数分前から、私たちの映画を視聴者に伝える立場にある女性ジャーナリスト――つい最近フランスで一番のインタビュアーに選ばれた――が私たちを攻《せ》め立てている。その横に無表情で座っているのは、やはり彼女と同じ役目を負った小説家の論客だ。

女性インタビュアーは私の目を見て続ける。映画はものすごく格好いいし、映っている人たちは

[I] ヤン・アルテュス＝ベルトランは映画『ＴＥＲＲＡ』を、私とメラニー・ロラン（一九八三―、フランスの女優）はドキュメンタリー映画『ＴＯＭＯＲＲＯＷ　パーマネントライフを探して』をそれぞれ発表した。

非の打ちどころがない。あまりに完璧すぎて、見ていると心が苦しくなり、「今すぐ飛行機でどこかに出かけて泡《あわ》風呂に入り、ステーキにでもかぶりつきたくなる」[1]。

彼女は私たちがやり方を間違えたと責める。環境破壊による惨事を防ぐために行動しようと言われても、映画はそういう意欲を起こさせないと責める。あたかも彼女を動かす責任が私たちにあるかのように。そのときに受けた不思議な印象は今でも覚えている。まるで私の言葉から音が奪われ、何かに覆われてしまったかのような…。おかしいな、この話（環境の崩壊について）はある状況では自明のこととして受け取られるのに、別の状況になるとまったく通じない。

数ヶ月が経ち、映画を観た観客がくだんのジャーナリスト、レア・サラメ〔一九七九－、レバノン生まれのフランス人ジャーナリスト〕の理論を一部反証してくれた。『ＴＯＭＯＲＲＯＷ　パーマネントライフを探して』*に込めたメッセージが人々に届いたのだ。少なくとも、映画館に足を運んだ一二〇万人の元には。映画はさらに三〇の国と地域〔二〇二〇年二月現在、三一の国と地域〕で公開され、セザール賞〔アカデミー賞にあたるフランスの映画賞〕を受賞した。映画を観た後で何をしたかという報告が毎日のように届いた。堆肥《コンポスト》づくりを始めた、地域通貨を作った、職を変えた…彼らの言葉を借りると、私たちは「前向きになる物語を語った」。彼らに「再び希望を与え、触発した」。

しかしながら、あの晩私たちに反論した彼女の言っていたことが、すべて間違っていたわけではない。総体的に見れば、私たちエコロジストのメッセージはまだまだ伝わっていない。少なくとも十分には。

私たちの努力にもかかわらず、状況は驚くべき速度で悪化している。

二〇一七年の夏、すべての記録は更新された。氷河から外れて海に落ちる巨大な氷塊《ひょうかい》、前代未聞の勢力を振るう嵐、地球上で観測された中で最も高い気温、インドで大勢の命を奪った洪水、ポルトガルとカリフォルニアでの大規模な山火事、どれを取っても同じくらい警鐘《けいしょう》を鳴らす研究結果…さらに後ほど取り上げるデイヴィッド・ウォレス＝ウェルズの有名な記事〔本書二四頁原注7参照〕も発表された。人間と、最悪の事態に対して最良の策で挑《いど》もうとするその能力に対する揺《ゆ》るぎない信頼をもってしてもなお、この先何十年か後に起こる事態に恐怖しないのは、おめでたい楽観主義か命知らずの蛮勇《ばんゆう》な行為としか思えない。

次々と入ってくる惨事の報告を受けて私たちが長年取ってきた行動は、警鐘を鳴らすことだった。ひたすらそれを繰り返したすえに、ほとんど効果がないことに気づかされた。情報を選《え》り分け、間断なくソーシャルネットワークに投稿し、運動を起こすこと、また私たち活動家や非政府組織

＊シリル・ディオンとメラニー・ロラン共作のドキュメンタリー映画。環境と人間社会をテーマに、食、エネルギー、経済、民主主義、教育の新しいあり方を取り上げる。二〇一五年製作。

（ＮＧＯ）、専門の報道機関が何年もかけ苦労して取り組んでいる行動は、有益ではあるが、全体としては効果が薄いのである。環境問題への一刻も早い対処を切望する人たちにとっては信じ難いことかもしれないが、この問題は人々の関心を引かない。たしかにここ二〇年で地球環境保護に関する意識は大きく前進し、むしろかつてないほどの関心の高さを示している。しかし気候変動に対して運動を起こす人の数は驚くほど少ない。二〇一四年九月に行われた近年で最も大きなニューヨークでのデモは、メディアによる大々的な宣伝と、行列の先頭に立った数々の映画スターの存在にもかかわらず、わずか三〇万人の動員にとどまった。二〇一五年一一月二八日と二九日には、パリで開催された気候変動会議（有名なＣＯＰ21〔第二一回気候変動枠組条約締約国会議〕）の直前に世界規模のデモが行われたが、ＮＧＯ団体350.org〔気候変動防止のために活動する国際ＮＧＯ。本部ニューヨーク〕によると、一七五ヶ国およそ二三〇〇ヶ所における参加者の合計は七八万五〇〇〇人[2]（ガーディアン紙によると六〇万人[3]）にすぎなかった（パリではバタクラン劇場でのテロの後、禁止となった）＊。対してワールドカップのフランス勝利を祝うためにシャンゼリゼ通りに詰めかけた群衆は一五〇万人、ジョニー・アリディ〔フランスの国民的人気歌手〕の葬儀には少なくとも五〇万人が参列している。

　環境問題を不安視する声はここ数年で確実に広がってはいるが、その声が直接行動に結びつくことは少ない。また、駆け出しのエコロジストにはよくあることだが、周囲の熱意に動かされ行動を起こすものの、何から始めたらよいのかがわからず、影響力の乏《とぼ》しい運動や、地域の社会・政治・

経済組織と連動しない運動に全力を傾けてしまったために、息切れしてしまうケースも多い。彼らの努力（つまりは私たちの努力）にもかかわらず、破壊は再生を上回る速度で進んでいる。それも、比較にならないほどの速度で。私たちは眠っている。時に惨事の規模に、はっとさせられはするが、すぐに日常が戻ってくる。どうしようもない。私たちはこの実利主義的な世界が好きなのだ。少なくともこの世界に慣らされきってしまっている。あまりにも慣らされてしまったために、それ以外の生き方を知らない。今日の私たちは、もっと速く、もっと遠くを目指して突き進まねばならないというのに。

私たちは今、世界大戦にも比すべき危険な状況に直面している。あるいはそれよりも悪い状況かもしれない。富と快適さを生み出し利益を蓄《たくわ》えることを目的とする実利主義、新自由主義というイデオロギーがその危険の元凶である。このイデオロギーは自然を広大な資源の略奪対象と捉え、動物や生物をその生産性によって判断し、人間を経済という機械を動かすための歯車とみなす。私たちは抵抗しなければならない。ナチスに抵抗した私たちの先祖のように、そして奴隷《どれい》制と人種隔《かく》離《り》政策に抵抗したアフリカ系アメリカ人たちのように、不吉な運命の実現に加担することを少しず

＊ここでいうテロは、二〇一五年一一月一三日にパリで発生した同時多発テロを指す。なかでもとくに被害が大きかったのが同劇場で、九〇人が死亡している。

つでも着実に拒否していかねばならない。立ち上がり、自分たちの未来を決定する力を取り戻さねばならない。私たちは荒廃《こうはい》と破壊を望んでいるのではない。生産者＝消費者として生きることを強いる無意味な世界を構築したいのではない。心安らぐ音楽が流れる中、スマートフォン片手にソファーに座り、テレビの電源は入れたまま、暖房は二二度、玄関には宅配便…そんな暮らしと引き換えに地球上の生命を根絶やしにするつもりはない。もしそれを望んでいるなら、人間は間違いなく退化しているといえる。

この本では、レジスタンス（抵抗運動）に取り組むための最良の方法を追求している。一八ヶ国をまたいで行った二年間の調査、研究、対談の成果を総合して見えてきたのは、レジスタンスと聞いて真っ先に思いつく戦略は必ずしも効果的でないということだ。デモや署名活動、地域活動、消費のあり方の見直し、寄付、運動への参加、占拠やボイコット…数多くの本や記事、テレビ、ラジオ、ソーシャルメディアが提案するこれらの戦略は、個々がばらばらにやっている限り、ほとんど何の効果も得られない。極端な暴動や暴力を含んだ対立は、私たちが打ち倒そうとするものそれ自体をまた一つ生み出してしまうだけだ。私が思うに、今求められているのは武器を取って立ち上がることではなく、世界の見方を変えていくことである。いつの時代も、哲学や道徳、政治において最も大きな変革を導いてきたのは「物語」である。本当の「革命」は物語によって起こすことができる。ただしその物語が出現し、政治、経済、社会の仕組みに浸透《しんとう》するためには、私たちの行動を導く「構造」に働きかけなければならない。これについてはこの本の最後の章で取り上げようと思う。

もしあなたがこうした問題にはまったく無縁《むえん》だと感じており、にもかかわらず奇跡的にもこの本を手に取っているのなら、この本に触れることで少しでも興味を持っていただければ幸いである。

もしあなたがこうした問題に心を痛めながらも自分が無力だと感じているなら、この本がその先の一歩を踏み出すきっかけになれればと願う。もはや他人事のように事態を眺め、あきらめ顔で肩をすくめ、誰かを糾弾《きゅうだん》して満足しているような場合ではない。私たち一人ひとりが、何らかの形でこの大規模な自然破壊に参加しているのだから。今こそ自分たちで考え、道を決める時だ。

この本を読んだ後、あなたの四肢《しし》と胸に、自由の証《あか》しであるあの息吹《いぶき》のそよぎが感じられたなら、この上ない喜びである。あの何物にも比べることのできない創造への欲望、何かの役に立ちたいという思いを。自分よりも大きな何ものかに貢献したいという衝動《しょうどう》を。私たちの子どもや孫たちが今という歴史の転換点を学ぶときに思い出すであろう運動に自分自身も参加したいという欲求を。私たちがあきらめないと決断した今この時に。

1 あなたの想像を上回る現状

この章に書かれている内容は決して気分のよいものではないだろう。それは承知しているし、私自身、惨状を並べ立てるだけにとどめるのは必ずしも愉快なことではない。だが、考察のためには確固たる土台が必要だ。具体的にどのような環境問題が起こっているのか？　この先数十年のあいだにどんな危険が待ち構えているのか？　現実には、私たちは大きなパラドックスの前に立たされている。それは問題に立ち向かうことの難しさとも無関係ではない。というのも、たとえ環境に関するいくつもの指標に赤ランプが灯《とも》っていたとしても、一部の人間が見ているそれ以外の指標はこの上なく健全な数値を示しているからだ。見る角度や選び取る情報、その組み合わせによって、世界の見え方は著《いちじる》しく変わってくる。

もしあなたがヨーロッパや北アメリカ、日本、オーストラリア、南アフリカ共和国、あるいは年々都市部が増加しているアジアや南アメリカやアフリカに住む人なら、あなたは世界で最も裕福な少数の人々の一員であり、人類が二本足で立ち上がって以来類を見ない快適な生活を営んでいる人間の一人ということになる。エネルギーをコントロールすれば、私たち人間は景観を作り変え、数時間のうちに海を渡り、極寒《ごっかん》の地や灼熱《しゃくねつ》の地に居住し、そこに微気候〔非常に小さな環境内の気候状態〕を作り出すことができる。モノや服、食品を大量生産し、腕の代用器具を装着し、髪を植毛し、動脈や太陽系に探査器具を放ち、地球の反対側にいる人間とクリック一つで交信し、バターのブロックよりももっと小さな金属とガラスで相手の姿を映し、それまでばらばらだった数十億人の脳や思考、文章をつなぐことができる。私たちの仕事の中でもとくに苦痛を伴う仕事はロボットや機械に代行させ、わずか一世紀前には想像もつかなかったほど高い計算機能を持つスーパーコンピューターの力で、人工的に知能を作り出すことができる。

どうしたらそのような力に酔いしれずにいられるだろうか。何世紀ものあいだ、生きるための糧《かて》を求めて自然と闘い続けてきたというのに。爪や体毛、強靭《きょうじん》な筋肉を持たないひ弱な体を外界の危険から守るために闘い続けてきたというのに。凍える寒さや灼《や》けるような暑さ、海の真ん中で溺《おぼ》れる危険と向き合ってきたというのに。夜や雷、正体不明の自然現象に怯《おび》え続けてきたというのに。なぜ人は死ぬのかを説明するために何世紀もかけて神や宿命を発明し、なぜ人は生きるのかを説くために無数の物語を紡《つむ》いできたというのに。

現在、やっと私たちは生を謳歌《おうか》することができる時代を手にした。そうして、ただ消えゆくことを受け入れられなくなってしまった。

I

哲学者のミシェル・セール〔一九三〇－二〇一九〕が言うように、私たちは六五年近くのあいだ相対的平和の中で、といっても西洋ではこれまでにない平和の中で暮らしてきた。[1] 歴史を振り返ってみても、例えばイギリスの住民一〇万人当たりの年間殺人事件発生件数は、一四世紀の一〇〇件に対して今日では〇・七件にとどまっている。[2] これは世界中の傾向で、第二次世界大戦終結以降とくに顕著《けんちょ》となっている。ベトナム戦争〔一九六〇－七五年〕やルワンダ大虐殺*、シリア内戦〔二〇一一年－〕にもかかわらず、戦争や殺人による死者数はここ六世紀で最低となっている。[3]
わずか一世紀のあいだに人間の寿命は何十年と延《の》び、過去に何百万人もの命を奪った病気は根絶された。人類は爆発的に増殖した。安全を確保し、出生率をコントロールし、赤ん坊を生存させ、老人の寿命を延ばし、病人を治す。一世紀にも満たないあいだに人口は二倍、三倍と増え、地球の隅々にまで広がり、自然の領域を侵略していった。

将来はチップやハードディスクを脳につなぐことで認知力を飛躍的に向上させたり、臓器を修復したり、身体の衰弱や心臓の停止を防いだりすることができるようになる――デジタルテクノロジーやトランスヒューマニズム**の予言者たちはそう宣言する。私たちを人間たらしめているものは打ち破られ、人間は神に並ぶと。

このように見てみると、現代は一部の人々にとっては喜ばしい世界となっているだろう。だがこの数々の目覚ましい進歩の裏で、恐ろしい事実もまた数多く挙げることができる。すべての人間が同じようにこの素晴らしい進歩を享受できているわけではないのだ。世界では六秒に一人の子どもが飢え死にし、七秒に一人の人間が、必要な治療を受けられずに死んでいく。九人に一人の人間が栄養失調状態にあり、一〇人に一人の人間が、私たちが洗車にも使わないほどの汚い水を飲んでいる。[4] 住民一〇万人当たりの医師数はキューバの六七二人に対してエチオピアではたったの三人しかいない。[5] 環境面でいえば、この四〇年間に地球上の脊椎《せきつい》動物の半分が、またこの三〇年間にヨーロ

I　一〇万人近くの死者を出したボスニア紛争〔一九九二年から九五年まで続いた、ユーゴスラビア解体に伴う紛争〕を例外として。
*　一九九四年にルワンダで発生した民族対立を起因とする大虐殺。およそ一〇〇日のあいだに八〇万人以上が殺害された。
**　超人間主義。科学技術により人間の身体や認知能力の限界を超越しようとする思想。

ッパに生息する飛翔《ひしょう》性昆虫の八〇%が消滅した。海洋中のプラスチック量はまもなく魚の総重量を超える重さとなる。毎分二四〇〇本の木が伐《き》り倒され、[6]干ばつ、洪水、竜巻《たつまき》や、水没した地域の数を増加させている。すでに何百万人もの避難民が生きる土地を求めて旅立った。水は希少となり、大地は浸食され続けている。

私たちはすでにこれらの数字を知っている。この問題について知りたければ関連する記事は山ほどあるし、エコロジストは繰り返し口を酸《す》っぱくしてこの問題について語っている。しかし私たちの脳は数字や概念には反応しない。「温暖化」といった言葉の後ろにある現実を理解するには、その具体的なイメージや実例、状況を必要とする。例えば気温の上昇がそれである。だが実際にそれは何を意味しているのか。

二〇一七年七月、アメリカ人ジャーナリストのデイヴィッド・ウォレス゠ウェルズは、見識ある科学者たちが予見する、地球温暖化が止まらなければ今後数十年のあいだに起こりうる災害の調査結果を記事にした。その記事は数週間のうちに、ニューヨークマガジン誌の創刊以来最も読まれた記事となった。[7]記事はぞっとするような警告文で始まる。「状況はあなたが考えているよりも確実に悪いと断言しよう。気候変動と聞いて海面上昇のことしか頭に浮かばないとしたら、あなたはまだ、今日の若者がいずれ直面することになる恐怖のほんの触《さわ》りの部分しか知らないことになる」。

今では有名な二〇一二年の国際研究「地球の生物圏に迫りくる状態シフト」[I]（*Approaching a State Shift in Earth's Biosphere*）を発表した二二人の科学者たち、あるいはネイチャーやサイエンスといった高名な専門誌に掲載された何十編もの論文を元に『崩壊学―人類が直面している脅威の実態』[8]〔鳥取絹子訳、草思社、二〇一九〕という著書をまとめたパブロ・セルヴィーニュとラファエル・スティーヴンス〔後述する崩壊学（工業文明の崩壊を研究する学問）の代表的著作家〕、そして世界中にいる数多くの警鐘者《けいしょうしゃ》と同様にデイヴィッド・ウォレス＝ウエルズもまた、数多くの調査と「気候学者や研究者への数十回に及ぶ取材と対話、気候変動に関する数百編の科学論文」を元に、今後数十年のあいだに直面するであろう崩壊と惨事を描いている。

このような前置きをした理由は、これから伝えることがあまりに信じ難く、ほとんどありえないことのように思えるからだ。それほどに私たちの目の前にある現実、窓の外に広がっている世界とはかけ離れている。

しかしこれが現実である。

まず初めに温暖化は、気候変動に関する政府間パネル（ＩＰＣＣ）*（二一七頁）やその他公的機関が作成した最も厳しい予測を上回る速度で進んでいる。「一九九八年より、科学者による予想の二倍の速度で

Ｉ　メラニー・ロランとの共作映画『ＴＯＭＯＲＲＯＷ　パーマネントライフを探して』の出発点となった研究〔この論文はネイチャー誌に掲載された〕。

進んでいる」[9]。すでに気温は〔産業革命以前を基準として〕一・二度上昇している。このままいけば四度、場合によっては八度の上昇さえ見込まれている。パリ協定[*]では二一〇〇年までの気温上昇を二度に抑えることを目標としているが、石油会社のシェルとＢＰが社内で作成した筋書きでは、二〇五〇年までに平均して五度の地球気温の上昇が予測されている[10]。不幸なことに、私には多国籍企業が描く利益の絡んだ臆面《おくめん》もない予測のほうが、政府の見解よりもはっきりと現実を見ているように思われる。

二〇一七年の夏に北極の海氷から分離したパリの五五倍の面積を持つ氷山、二〇一七年一月に南極で観測された平均より二〇度も高い気温、二〇一六年に記録された観測史上最大の暑さ、[I] またもう一つの記録更新となる二〇一七年八月から九月にかけて襲来《しゅうらい》した四〇個のハリケーン[11]など、様々なところに温暖化の影響は現れている。

だが私たちを待ち受ける未来は、それよりもはるかに恐ろしい形を取って現れる。

最も大きな不安の一つが永久凍土の溶解だ。年間を通じて凍結しているこの土壌は、シベリアからスカンジナビアをまたいで北極地域まで広がっており、地表の二〇％を覆っている。北極地域だけで、現在大気中に存在する炭素の二倍以上に相当する一兆八〇〇〇億トンの炭素が閉じ込められていると考えられている。ひとたび永久凍土が溶解すれば、この炭素の一部が二酸化炭素（CO_2）と比べはるかに温暖化への影響が高いメタンとなって放出される。シベリアの地中には七〇〇億トンの炭素が眠っており、溶解はすでに始まっている。日ごとに増加していく私たちが放出する温室効果ガスに、これらが加わることとなる。

このように現在の温暖化は未来の温暖化を促進し、制御《せいぎょ》不能な加速を引き起こしかねない。気温の上昇が五度を超えたときに何が起きるのか、誰にも明言することはできない。二億五二〇〇万年前に生物の大量絶滅が起きたとき、「すべては炭素によって惑星の気温が五度上昇したことで始まり、その気温上昇が北極のメタンを放出させたことで加速し、地球上の九七％の生物が滅びたことで終結した」とウェルズは書いている。ところで私たちは当時の一〇倍の速度で大気中に炭素を放出している。これらの要素から終末的な結論を導き出すにはあと一歩なのだが、大部分の科学者たちは、未来の予測不可能性や現象の複雑さ、道徳や責任などもっともらしい理由を並べて、その一歩先を語ろうとしない。しかしながら、これらの要素からはある未来の様相が浮かび上がってくる。

＊（二五頁）国連環境計画（ＵＮＥＰ）と世界気象機関（ＷＭＯ）が共同で設立し、各国政府が指名した専門家や行政官が参加する政府間機構。一九八八年設置。

＊地球温暖化防止のための国際協定。二〇一五年一二月一二日、ＣＯＰ21で採択《さいたく》、二〇一六年発効。

Ｉ二〇一六年は現在のところ、一八八〇年の観測開始以来、地球上で最も平均気温が高かった年である（www.lemonde.fr)。

私たちは最初にこう考える。なぜ？　なぜ五度から八度の上昇が、地球の生命の一部を絶滅させることにつながるのか？

まずは暑さである。

他の哺乳類《ほにゅうるい》と同じように、私たちの体はバランスを保つために一定の体温を維持する必要がある。人間の場合は三七度。外の温度が体内の温度を超えたとき、体は発汗などの機能により水分を蒸発させ、体温を下げる。ある段階までは…

四度の上昇で、夏の気温はヨーロッパで七万人の死者を出した二〇〇三年の猛暑*のときと同じくらい高くなる。

六度の上昇で、ニューヨークの住民は今日のバーレーンと同じくらいの暑さにさらされることになる。

七度の上昇で、赤道一帯をはじめとする地球上の広範な部分で人が住めなくなる。

「一一度から一二度の上昇で、現在と同じ分布とした場合の人口の半分以上が暑さにより死亡する」とウェルズは続ける。これらはスティーブン・シャーウッド〔オーストラリアの気象学者〕とマシュー・フーバー〔アメリカの古気候学者〕の研究[12]を元にしている。

二つ目に絶滅の要因となりうるのは食糧問題だ。

気温が一度上昇すると農作物の収穫量が一〇％減ることは広く知られている。世界の人口がこれまでにない速度で増加していることを考えると（第二次世界大戦時と比べ三倍に増えている）、私たちは理論上、現在から今世紀末にかけて、五〇％増えた人口を五〇％少ない食糧で維持しなければならないことになる。[I] なぜだろうか。干ばつが南ヨーロッパやアメリカに、オーストラリア、アフリカ、南アメリカの人口密集地域に、さらには中国の一部にまで広がる（すでに広がり始めている）からだ。水も不足するだろう。化学肥料を用いた単一栽培《モノカルチャー》〔一種類の作物だけを栽培する農業形態〕の普及により土壌は疲弊《ひへい》し、肥沃《ひよく》な土地を作るのに不可欠な生物多様性は急激に失われていく。森林破壊とそれに伴って起こる洪水が大地の浸食を進めていく。農業に適した土地は不足するだろう。残された土地で石油系の化学肥料を使い続けることも、温暖化を加速させる原因になるから不可能だ。そして、一部の人間が食い入るような目で見つめているグリーンランドやシベリアの土地も、肥沃な土地にするには何十年もかけて耕していかなければならない。

ジャレド・ダイアモンド〔一九三七－、アメリカの進化生物学者〕が『文明崩壊─滅亡と存続の運命を分けるもの』[13]〔上・下、楡井浩一訳、草思社、二〇〇五〕に書いているように、あるいは農学者、エコロジストとして世界的に著名なレスター・

＊二〇〇三年にヨーロッパを襲った熱波《ねっぱ》。フランスでは四〇度を超える日が続き、およそ一万五〇〇〇人が死亡した。

I 国連の予測では二一〇〇年に世界の人口は一一〇億人となる。

ブラウン〔一九三四－、アメリカの環境活動家〕が『地球に残された時間―八〇億人を希望に導く最終処方箋』[14]〔枝廣淳子＋中小路佳代子訳、ダイヤモンド社、二〇一二〕に書いているように（来たるべき限界点を想起させるタイトルの創造性には感服《かんぷく》させられる）、文明の消滅はほとんどが食物連鎖《れんさ》の崩壊と結びついている。

私たちはそこへ一直線に向かっている。

次に襲ってくるのは病気だ。

ウェルズが言うように、北極の氷の中には何百万年前のウイルスが閉じ込められている。人類の誕生よりも前から存在しているため、私たちは対処法を知らない。スペイン風邪や腺《せん》ペストなど比較的新しいウイルスもシベリアやアラスカに存在すると考えられている。だが疫《えき》学者が最も恐れているのは、気候変動が原因となって生じる病気の地理的な拡大と、ウイルスの変異や蔓延《まんえん》である。マラリアやデング熱はほぼ確実に、西ヨーロッパのような気候の穏やかな地域にまで広まっていくだろう。さらに悪いことに、気温が一度上がるごとにマラリアなどの病気を運ぶ原虫が増殖する速度は一〇倍になる。

続いては私たちが吸っている空気だ。

パリや他の多くの大都市に住む人々は度重なる大気汚染の警報を受け、車や工場、古くなった暖房からの排気ガスが、ディーゼル燃料の粒子、農業用肥料に含まれる窒素《ちっそ》、その他諸々の化学の副産物と相まって気管支や鼻孔《びこう》を痛めつけ、肺にこびりつき、人体を汚染し、弱らせ、時に死を招くことを痛みをもって学んだ。大気汚染は今やフランスで三番目の死因となっている。毎年四万八〇〇〇人が、大気汚染が原因で死亡している。これは交通事故による死者数の一〇倍であり、たばこが原因によるものとほぼ同程度だ。中国やインドでは毎年一一〇万人が、石炭の煙《けむり》や排気ガス、その他の汚染物質により呼吸器に異常をきたし亡くなっている[15]。

中国の「終末の大気」(Airpocalypse)〔空気(air)と世界の終わり(apocalypse)を組み合わせた造語〕が話題になった二〇一三年、ウェルズによると「中国での死者の三分の一はスモッグが原因で亡くなっている」。世界では毎年七三〇万人が、呼吸している空気の汚染が原因で亡くなっている[16]。

それだけではない。大気中の二酸化炭素濃度が高まるほど私たちの認知力は低下し、オゾン濃度が高まるほど自閉症の子どもの数が増加すると考えられている(他の様々な環境的要因と相まってのことだ[17])。

さらに大気中の酸素濃度の低下も起こりうる。現在の地球の酸素の二〇%はアマゾンの森林が生み出している。この地域はすでに深刻な森林破壊の犠牲となっているが、気温の上昇により乾燥《かんそう》が進み、近年の地中海沿岸やカリフォルニアの森と同じように山火事の餌食《えじき》となれば、被害は甚大《じんだい》なものとなる。また燃焼によりすさまじい量の炭素を大気中に放出する。海洋酸性化と工業型漁業が引き起こす珊瑚《さんご》の死滅も、海洋生物の大規模な消滅を、そして海洋生物が生み出す酸素（地球上の酸素の四〇％を占める）の消失を引き起こしうる同じくらい深刻な事態だ。

それだけにはとどまらない。これらの変化が重なれば、戦争の激化につながるとＩＰＣＣの科学者たちは予測している。[18] スタンフォード大学のマーシャル・バーク教授とカリフォルニア大学バークレー校のソロモン・シャン教授の研究によれば、世界の気温が〇・五度上昇すると、武力衝突の発生するリスクが一〇％から二〇％上昇する。[19] 気候変動がすべての原因ではないが、他の要因と合わさることで、シリアで起こったような大災害を引き起こしうる。[I] 加えて戦争や干ばつ、洪水は、さらなる大規模な移住を発生させる。すでに六五〇〇万人が気候変動のために移住したと算出されている。この数字は増加の一途をたどっている。国連難民高等弁務官事務所（ＵＮＨＣＲ）および国連は一〇年前すでに、二〇五〇年時点での難民の数を二億五〇〇〇万人と予測していた。[20] シリア内戦の三倍、五倍、一〇倍の規模の難民を想像してみてほしい。フランスやスペイン、イタリア、ドイツ、ギリシャはどのような反応をするだろうか。ヨーロッパという恵まれた土地に押し寄せる外国人への拒否感が高まり、それに後押しされた排外主義の政党が政権を握ったとしたら、どんな未来が待ち受けているだろうか。

それ以外にも自然資源の減少を受け、各国による資源の所有をめぐる無慈悲《むじひ》な戦いが始まる可能性がある。水や石油、耕作地、鉱物…中国は今からすでに、アフリカ、オーストラリア、北アメリカ、アジアに何百万ヘクタールもの農業用の土地を購入している。[21]今のところこれらの国で反乱は起きていないが、人々の生存がかかっていたら話は別だろう。中国はまたデジタル革命とエネルギー転換に不可欠なレアアースの鉱脈の大部分を保有している。アメリカをはじめとする国々やシリコンバレーの企業は、もしこれらの資源が不足し、最大のライバルである中国からこれらを法外な値段で購入しなければならなくなったとしたら、どんな行動に出るだろうか。

こうして種々の要因を並べてみると、その途方もなさに唖然《あぜん》としてしまう。それぞれの要因が複雑に絡み合い、それらの方針が矛盾《むじゅん》だらけであればなおさらだ。より多くの富や職を生み出し、格差を縮小し、成長を加速させるためには多量のエネルギーを必要とする。今日それは石油によっ

Ｉシリア内戦勃発《ぼっぱつ》〔二〇一一年〕の四年前、二〇〇万人が地方から都市部に移住してきた。大部分は農民であったが、未曾有《みぞう》の干ばつにより極度の貧困に陥《おちい》っての移住であった。狭く不衛生な住居に折り重なるようにして暮らしながら政府の援助を待ったが、いくら待っても援助は来なかった。住民の悲観は反乱への思いに変わる。数十年に及ぶ政治の不安定さや宗教対立、何年にも及ぶ独裁体制とアラブ諸国に広まっていた革命の気運〔本書八九頁訳注＊参照〕に加え、この干ばつも、私たちのよく知る悲劇の発生に貢献《こうけん》している。

て賄《まかな》われている。ところが温暖化を止めるには、石油の使用を止めなければならない。しかし石油の使用を止めれば経済の崩壊が起こるだろう。

いくつか例を挙げよう。

ロンドン－ニューヨーク間の往復一回につき、三立方メートルの北極の氷が失われる。世界全体で一日に平均して一〇万回のフライト（年間三七〇〇万回のフライト）が運航されている。これがどれほど無理がある状況なのか、おわかりいただけるだろう。すぐにでもこの絶え間ない移動を止めなければならない。他の多くの活動に対しても同じことがいえる。ではそれを実行に移すと何が起こるだろうか。もしトラックによる運搬が止まれば、大都市の中心街の食料は数日しか持たない。フランスでは現在、一日に平均して一万三〇〇〇台のトラックが行き来している。[22] 生活用品の九九％は陸路で運搬されているといわれている。[23] 私たちの使う機器（生産活動に必要なコンピューター、モデム、サーバー等）、食料品（肥料やトラクター、種々の工作機械を使って生産されている）、暖房や移動に必要なエネルギー資源の大部分が石油に依存している。グローバル化した経済を動かしているのはこの黒い黄金《おうごん》である。二〇〇九年、ジェレミー・リフキン[24]〔一九四五－、アメリカの文明評論家。欧州委員会、メルケル独首相などのアドバイザーを務める〕を含む複数のアナリストは、一バレル一五〇ドルを超える石油価格の高騰《こうとう》を世界恐慌《きょうこう》の原因として糾弾《きゅうだん》している。ではもし、使用を制限するために石油に大幅な課税をする、あるいは単純に（気候変動に対抗する活動家や科学者のほとんどが勧《すす》めるように）現在地中にある石油の大部分を使用せずそのままにしておくとしたらどうなるか、想像してみてほしい。私たちはそのような状況に対してまったく準備ができていない。

だが同様に、行動しないことにより発生した災害がもたらすコストに対しても、準備ができていない。ニコラス・スターン卿《きょう》〔一九四六―、イギリスの経済学者〕は二〇〇六年に、行動しないことにかかるコストを五兆五〇〇〇億ユーロ〔約六六〇兆円。一ユーロ＝一二〇円〕と算出した。[I] そのとんでもない金額の一端は、アメリカを襲ったハリケーンのイルマとハービーや、インドの洪水、ポルトガルやカリフォルニアの山火事がもたらした被害額から見て取ることができる。

この長いリストにはまだまだ多くの脅威《きょうい》を連《つら》ねることができる。例えば工業型農業の耕耘機《こううんき》による生物の大量消滅、（それが原因で引き起こされる）森林破壊、都市化や気候変動。とどまるところを知らない生産活動が引き起こす自然資源の枯渇《こかつ》。私たちの健康と海洋生態系を脅《おびや》かす化学

I「気候変動が世界にもたらすコストとリスクは、何も行動を起こさない場合、毎年世界の国内総生産（ＧＤＰ）の少なくとも五％に相当し、それはこの先恒常的に発生し続ける。さらに範囲を広げてリスクと結果を算出すれば、被害はＧＤＰの二〇％もしくはそれ以上となる。反対に、気候変動が引き起こす最悪の結果を回避するための温室効果ガス排出削減にかかるコストは、毎年世界のＧＤＰの一％程度にまで抑えることができる」（スターン・レビュー〔元世界銀行上級副総裁のニコラス・スターン卿により作成された、気候変動が経済にもたらす影響についての報告書。二〇〇六年発表〕）。

物質やプラスチックによる汚染の拡大。戦争や原子力事故…

あなたにこの章を読む勇気があったのなら、状況が深刻であること、おそらくあなたが考えていたよりもさらに深刻であることがおわかりいただけただろう。


次に浮かんでくるのは、これらすべての問題を解決するのに私たちには時間が残されているのかという疑問だ。

最新の研究結果を見る限り、そうは思えない。

世界気候エネルギー首長誓約《せいやく》〔気候やエネルギー問題に対し自治体レベルで取り組む運動〕の副議長であるクリスティアナ・フィゲレス〔元COP事務局長〕は二〇一七年六月のネイチャー誌[25]に、多くの科学者や政治関係者と共同で、三年以内に温室効果ガスの排出量を大幅に減らさなければ気温上昇を運命の二度以下に抑えることはできないとする研究結果を発表した。

二〇一七年一一月一三日、一八四ヶ国から合わせて一万五三六四人の科学者が、世界の政治家と市民に向けて、目を覚ますよう呼びかける共同声明を発表した。「惨状の拡大と生物多様性の壊滅的な消滅を防ぐために、人間は今日とは異なる、環境にとって持続可能な道へと進み始めなければならない〔…〕。さもなければ、じきに崩壊へと向かう現在の軌道《きどう》を変えることも手遅れとなってしまうだろう[26]」。

元フランス環境相であり、複数の専門分野にわたる科学者や研究者を擁《よう》するアンスティチュ・モメンタム*代表のイヴ・コシェはさらに悲観的である。彼は二〇一七年八月二三日付の記事で、未来を予測してこう書いている。[27]「政治的な思慮が物事を曖昧《あいまい》なままにしておくのを好み、未来を不確定とすることが現在の知識人たちの傾向であったとしても、私は反対に今後三三年の地球の運命はおおよそ決定していると考えており、できるだけそれに沿った予想図を作ることこそが誠実な態度であると信じている。二〇二〇年から二〇五〇年にかけて、短期間のうちに人間がこれまで経験したことのない大変動が起こるだろう。この期間は大まかに三つの段階に分けることができる。私たちが想像する世界の終わり（二〇二〇－三〇年）、生存競争の期間（二〇三〇－四〇年）、そして再生の始まり（二〇四〇－五〇年）」。

これ以外にも毎年数多くの予想図が発表されている。未来についての予測はほとんど外《はず》れている、新たな技術革新が起これば状況は一変する、と反駁《はんばく》することもできるかもしれない。しかし素直《すなお》に考えを巡らせれば、予想図がどうであれ、すでに私たちは大きく出遅れているという結論に行き着くだろう。

今が行動の時だ。

---

*工業文明の崩壊と、石油を使用しない社会への移行を研究するフランスの機関。二〇一一年設立。

2 一つひとつの行動に価値がある、もし…

そのような大災害の連鎖《れんさ》に対してどのような行動を取るべきだろうか。一〇年来、私はそのことについて考え続けている。この問題に関心を持つ多くの人々と同じように、私は活動家としての道をたどることから始めた。そして二〇〇六年の終わりに、ピエール・ラビ〔一九三八―、アルジェリア生まれのフランス人作家・エコロジスト・農業従事者。フランスにおけるアグロエコロジーの先駆者〕やイザベル・デプラ、ジャン・ルーヴェイロルおよび数人の友人たちとコリブリ〔ハチドリの意〕運動を組織した。この運動の名前は今では広く知られるようになった北アメリカ先住民族の伝承から取っている。「ある日、森で大きな火事が起こった。動物たちは恐れおののき、茫然《ぼうぜん》と、ただ森が燃えるのを見ているしかなかった。小さなハチドリだけが水を探しに飛び立ち、くちばしに含んだ数滴《すうてき》の水で火に立ち向かった。しばらくして、あまりに無力なその行動にいら立ったアルマジロが、『ハチドリ！　気は確かか？　それっぽっちの水じゃ火は消せないぞ！』と言うと、ハチドリはこう答えた。『わかってる、でも僕は僕にできることをやるんだ』」。ピエール・ラビはこの伝承を、私たちは災禍《さいか》に対して無力ではなく、目の前の状況に対して誰もが自由意志によって自身の責任を果たし、力を行使できることの見本として語り継いでいる。私たちは「私たちにできることをやる」。世界を救うためではなく、またその行為が将来の成果に結びつくからでもなく、ただ良心と価値観に従って行動するのだ。

ナチスの強制収容所の囚人について、オルガ・ヴォルムゼル[I]は次のように書いている。「肉体的、精神的極限状態の中、一切れのパンがないために人が死に、一つの会話、一つの集会が死体焼却炉へとつながり、宗教の信仰が禁じられ、政治的な信念が罪となるとき、人々は命を守るため、ナチス親衛隊（ＳＳ）とその信奉者による死の要求に抗《あらが》うために団結した。司祭は聖体拝領の儀式を行い、人々はレジスタンス（抵抗運動）を組織した」[1]。

ハチドリにとっては行動することが最良の選択だった。他の動物が参加してくれるならなおよし、雨が降り始めるなら儲《もう》けものだ。そのあいだにハチドリは「自分にできることをやる」。生への衝

I　フランスの歴史学者。第二次世界大戦時の強制収容に関する専門家。

動に駆《か》られ、非道な所業に立ち向かった人々のように。私たちの一つひとつの動作の中に世界のかけらが宿っているという思想がこの伝承からは感じ取れる。取るに足らないと思われるものも含めて、私たちの行動の積み重ねがこの世界を作り出している。この社会はそれが正しいという信念から、エゴイズムよりは連帯や寛容《かんよう》さを、また、壊すよりは大切にすることを選び、時に不毛な、時に正反対の行為の山に埋もれてしまう仕事を進んで果たす小さな手によって日々支えられている。同様に、修理するよりは捨てる、個人商店ではなく大型スーパーマーケットを利用する、いつも通っている本屋ではなくアマゾンで本を買う、自転車ではなく自動車に乗る、より頻繁《ひんぱん》に買い替えられるという理由から、世界の反対側で満足とは程遠い条件によって製造された安い洋服を買う、一日に二度肉を食べる、といった無数の小さな選択からなる行為の積み重ねが今の世界を作り出しているとも言える。個人に対して生活のあり方を変えるよう呼びかけることが、何年も前からＮＧＯの活動の基礎となっている。私はそこから行動し始めることにした。

だが今日、この考え方は痛烈な批判の的となっている。まずは数字だ。状況を伝えるためのあらゆる活動や関心の高まりにもかかわらず、石油や資源の消費は加速し、二酸化炭素の排出量は増え続け、年々多くの種《しゅ》の絶滅を引き起こしている。次にスロベニアの哲学者スラヴォイ・ジジェクを始めとする思想家たちによる批判。彼によれば、「エコロジーについて主流となっている論調は、あたかも私たちが先験的《アプリオリ》に罪人であるかのように、母なる自然に対して負債《ふさい》を負っているかのように語りかけ、環境への配慮を訴える超自我を通して私たちに重圧をかける。『母なる自然に対して、あなたは今日何をしましたか？　古紙はちゃんと分別しましたか？　びんと缶はリサイクルしましたか？　自転車や公共交通機関で行ける場所に車で行きませんでしたか？　窓を開ければ済むのにエアコンを点けませんでしたか？』。このように問題を個人化することには、イデオロギー上の明らかな狙《ねら》いがある。個人としての良心の声を気にするあまり、それよりもよほど的確である工業文明全体に対する問いかけを忘れてしまうのである」[2]。これは少なからず、ウィル・フォーク〔アメリカの環境活動家〕をはじめとする他の作家や活動家の考えるところでもある。この星が略奪に遭《あ》っているのを知りながらも日々の生活の中で大量破壊への参加を余儀なくされ、それがために解消することのない罪の意識の中に閉じ込められている人々について、ウィル・フォークは次のように書いている。

「彼らはリサイクルやインターネット上での署名活動に参加し、仕事に行くためにカーシェアリングを利用することで、『少なくとも私は星の破壊に参加してはいない』と自分に言い聞かせ、良心の呵責《かしゃく》から逃れている」[3]。ウィル・フォークや彼の所属するディープ・グリーン・レジスタンス（ＤＧＲ）＊のメンバーらにとっては、もう「小さな行為」でどうにかできる段階ではない。デリッ

＊アメリカの急進派環境活動団体。既存の環境保護運動によっては生態系の破壊は止められないと主張し、工業文明の解体を訴える。

ク・ジェンセン〔ディープ・グリーン・レジスタンスの創設者〕が「シャワーの節水は忘れよう」と題した文章で訴えるように、次の段階へ進まなければならない。「分別ある人間なら誰も、リサイクルがヒトラー〔ナチスドイツ時代の独裁者〕を止めることができた、堆肥《コンポスト》づくりが奴隷《どれい》制度に終止符を打ち八時間労働を実現した、木を伐《き》り井戸に水を汲《く》みに行くことがロシア人を皇帝の牢獄《ろうごく》から解放した、火を囲んで裸で踊《おど》ることが一九五七年の投票権法あるいは一九六四年の公民権法〔いずれも人種差別を禁ずるアメリカの法律〕の制定に一役買った、などとは考えない。なのになぜ、地球が危機に瀕《ひん》しているこのときに、これほど多くの人間がまったく個人的な『解決策』の陰に隠れてしまっているのか。その原因の一つは、我々が、組織的に計画されたキャンペーンによって誤った方向へと誘導されていることが挙げられる。消費の文化と資本主義的精神が、我々に、個人的な消費活動（あるいは啓蒙《けいもう》活動）と集団の政治的抵抗運動《レジスタンス》とを取り違えさせているのだ」[4]。

しかしデリック・ジェンセンにとって、このいわゆる政治的抵抗運動《レジスタンス》にはほとんど効果がない。いくつかの数字を見ればそれを簡単に証明することができる。湯を張らずにシャワーで済ませれば地球の水資源を節約できると聞いた？　実際は農業（七〇％）と工業（二二％）が地球上で消費される水の九二％を占めている。[I]　分別し、堆肥《コンポスト》を作り、壊れたモノを修理して使えば地球を覆うごみを減らせる？　残念ながら家庭から出るごみは、アメリカでは全体の三％、ヨーロッパでは全体の八・三％にすぎない。[II]　エネルギーについても同じく、個人の消費が占める割合は全体の約二五％である。[5]

ディープ・グリーン・レジスタンスに近い立場を取る活動家、著作家のカークパトリック・セールは次のように言う。「個人主義的な『地球を救うためにできるすべてのことをしよう』という思いから発生する罪悪感は幻想《げんそう》である。個人としての私たちが危機を生み出しているのではないし、それを解決することも私たちにはできない」[6]。

自転車を使うよう心がけ、消費する肉の量を減らし、電球をすべて取り換えて幸先《さいさき》のいいスタートを切ったと思っていた多くのエコロジストの卵は意気消沈してしまうだろう。個人がそこまで無力なのであれば、政治的な運動に取り組むべきではないか。多くの活動家はそう考え、政治家たちがより環境や社会生活における権利を尊重《そんちょう》した施策に取り組むよう、あらゆる手段に訴えかける。だがここでもまた、その効果には疑問符が付くのである。

Ⅰこの平均値の内訳は国によって大きく異なる。フランスでは四八%が灌漑《かんがい》用水に、二二%がエネルギーの生産（主に原子力発電所の冷却水）に、六%が工業に、二四%が家庭での使用に充《あ》てられている（www.cieau.comおよびwww.planetoscope.com）。

Ⅱ実際には大きなばらつきを含む平均値である（フィンランドでは一・七%、ポルトガルでは三二・三%）。フランスは八・八%で中央値付近に位置する。数字は次のウェブサイトを参照。ec.europa.eu/eurostat/statistics-explained/index.php/File:Waste_generation_by_economic_activities_and_households_EU-28,_2014_(%25)_YB17-fr.png

政治の麻痺

私たちは何年も前から、国際的なものも含めて、政府に圧力をかけるキャンペーンに参加してきた。エコロジーの分野での最も華々《はなばな》しい成果は、二〇〇七年のフランス大統領選の際にニコラ・ユロ〔一九五五-、フランスの環境活動家。ジャーナリスト、テレビ番組レポーターとして活動した後、環境保護のための財団を立ち上げる。二〇一七年五月-一八年九月、環境連帯移行相〕財団が作成した環境協定《パクト・エコロジック》*だろう。九〇万人の署名を集め、七〇のNGOから構成される団体「地球のための同盟《アリアンス・プル・ラ・プラネット》」の支持を受けたこの協定は、二〇〇七年一二月発足の環境グルネル懇談会《こんだん》**へと結実した。サルコジ大統領〔フランス共和国第二三代大統領〕により盛大に開催された環境グルネル懇談会には、当時の欧州委員会委員長マヌエル・バローゾやノーベル平和賞の受賞者、アル・ゴア〔一九四八-、アメリカの元政治家。政界引退後は環境活動家として活動〕とワンガリ・マータイ〔一九四〇-二〇一一、ケニアの環境活動家。アフリカ人女性として初のノーベル平和賞受賞者〕の二人も出席した。しかし、懇談会でのフランス大統領のスピーチを読み返すとつい笑ってしまいそうになる。泣きたくなる人もいるかもしれない。ニコラ・サルコジは当時「環境革命」を呼びかけ、炭素税の導入に賛同し、「私たちの成長モデルに未来はない」と語気を荒げ、予防原則***を「責任の原則として理解されるべき」と擁護《ようご》した。そして農業相ミシェル・バルニエに、一〇年後までに農薬の使用を五〇%削減する計画を策定するよう指示した。一〇年が経過したが、革命も「環境ニューディール****」も実現していない。炭素に対するいかなる税金も導入されていないし、成長モデルは健在だ（経済の回復とともにむしろ活性化している）。二〇〇八年に採択《さいたく》された有名なエコフィト計画〔二〇一八年までに農薬の使用量を五〇％削減する計画〕も、主要な農業組合や多くの農産加工品企業、種々のロビー団体の非協力的な態度や反対に阻《はば》まれ、期待されたような結果は得られなかった。農業省の誠実な姿勢と、後に農業相となるステファヌ・ル・フォル〔二〇一二年から二〇一七年まで農業相を務める〕が具体的な取り組みとして策定したエコフィト計画2[I]（映画とは反対で、1が失敗すると必ず2が作られる）にもかかわらず、二〇〇九年から二〇一六年のあいだにフランスにおける農薬の使用量は二〇％増加した。[8]

往々にして、政府には単独で大規模な改革に取り組む力がない（あるいは進んで取り組みたがら

＊副首相格の持続可能開発相の創設や炭素税導入を盛り込んだ協定。大統領選に出馬した有力候補者たちがこれに署名した。

＊＊政府、ＮＧＯ、地方自治体、企業などが一堂に会して環境政策を話し合った懇談会。二〇〇七年七月から一〇月にかけて議論が行われ、一二月から具体的な政策への取り組みが始まった。

＊＊＊環境への重大な影響が考えられる場合、たとえ科学的な因果関係が証明されていなくとも規制措置《そち》を可能にする原則のこと。

＊＊＊＊環境グルネル懇談会でサルコジ大統領が用いた表現。アメリカによる一九三〇年代のニューディール政策（世界恐慌後の経済再建計画）にならい環境政策への本格的な取り組みを示唆《しさ》する。

Ｉステファヌ・ル・フォルは二〇一六年二月二日に放送されたテレビ番組「キャッシュ・インベスティゲーション」の中で、「農薬の使用量を減らすべく奮闘《ふんとう》する」と宣言している。

ない）のが現実である。すべてがあまりに速く進んでしまう。あふれる情報とメディアへの対応に追われ、公式訪問から会議へ、開会式から出張へと目の回るようなスケジュールをこなす政府の人間には、先のことに取り組んだり距離を置いて俯瞰《ふかん》的に物事を考えたりする時間がない。多くの場合現状への対応にとどまり、行政機関を動員するに至らないこともままある。短い任期と次の選挙に勝利したいという意欲から生まれるのは、派手な政策もしくは即効性の見込める政策だけである。気候変動や種《しゅ》の消滅との闘いに必要とされるような一〇年、二〇年にわたる野心的な計画、スケールの大きな改革が入り込む余地はほとんどない。かつての政治家先生たちも、仕事に付きまとうこうしたストレスについて語り、また、豪奢《ごうしゃ》な執務室に権力が集中しているという世間の認識と、その権力が現実には無力であるという実態とのあいだの捻《ねじ》れについて語っている。アメリカの巨大な民衆運動と、他に類を見ない国際的な存在感によりアメリカ大統領となったバラク・オバマ〔在任二〇〇九－一七〕も、結局は上院で過半数を失い、以後六年間の麻痺《まひ》状態〔アメリカの上院議員の任期は六年〕に陥るまでに、たった一つの目玉政策——医療保険制度——を通すことしかできなかった。フランソワ・ミッテラン〔フランス共和国第二一代大統領〕は一九八三年、ダニエル夫人に次のような一言を漏《も》らしたという。「政府は手中に入れたが、権力は手に入れていない」[9]。政治家はもはや、目の前の現実に対処する存在と化し、現実を導いていく力を失っている。複雑極まりない現状に、絶え間なく適応する必要に迫られている。ある者はそれでも結果を出そうと踏みとどまる。ある者は闘いをあきらめ、達成可能なことに全精力を傾ける。権力の維持だ。彼らは意見調査と勝機に従って政治を進める。フランソワ・オランド〔フランス共和国第二四代大統領〕はおそらくこの方法を最も皮肉な形で推《お》し進めた大統領であろう。当選した当初から、再選を可能にするただ一つの策は失業率の改善であるという理論を打ち立てていた。他のことは飾りでしかない。実際に彼はそれに取り組んだ。悲しいかな、続く二年で失業率は逆に上昇し、状況を立て直した後にようやく成果を上げることはできた…が、遅すぎた。景気の好転を享受《きょうじゅ》するのは彼の後継者である。他の政治家たちは巨大な影響力で世界を牛耳《ぎゅうじ》る大企業と手を組み、権力者の地位を維持する。この傾向はとくに、政党に資金を供給する企業が選挙に大きな影響力を持つアメリカの場合に当てはまる。選挙が終わった後も、金銭（政治家への献金）や心理面（絶《た》えず政治家に付きまとう）における企業のロビー活動の重み、また「回転扉《リボルビング・ドア》」[I]を介した企業の存在感は相当なものだ。

権力者として振る舞っていても、選挙というショーのときだけ注目を集めようとする政治家たちの手には、もう本当の権力はないのである。

Iこの表現は大企業の社員（銀行、石油会社や近年ではシリコンバレーの企業）が行政機関で責任ある立場を務め、再び民間に戻る動きを指す。

個人の行動か、集団の行動か？

個人の行動と集団の行動を対立させる議論には偏見があるように思う。まるでどちらかを選ばねばならないかのように提起されているが、個人か集団か、日常の中での行動か政治的な行動かといった二項対立ではなく、その両方が必要であることは明白である。

個人の行動は無意味ではない。デリック・ジェンセンも最後は次のように書いている。「はっきりさせておこう。私は質素《しっそ》な暮らしをしてはならないと言っているのではない。私自身も十分質素な暮らしをしている。だからといって大したものを買わないこと（あるいはあまり車を使わないこと、子どもをつくらないこと）が強力な政治運動、真の革命的行為だと主張したりはしない。それは別のものだからだ。個人の変化と社会の変化は同等ではない」[10]。ただし、その通り、とは言いかねる。たしかにある角度から見れば、個人の行動は、体系化された農業や工業、マクロ経済的な活動に比べると取るに足らないものに映る。だが視点を変えることは決して難しくはない。大企業や集団が環境を汚染し、破壊し、資源を浪費《ろうひ》するのは、個人に向けた消費財やサービスを提供するためだ。もし個人がそれらの商品やサービスを買うのをやめれば、その活動も縮小せざるをえない。

食品を例に見てみよう。現在フランスでは四つの流通グループ（カルフール、システムユーとオーシャンの連合、ルクレール、カジノとアンテルマルシェの連合〔二〇一八年当時の提携状況〕が、「日用消費財・生鮮食品」[11]売上高の九二・二％（販売量では八八・五％）を占めている。ヨーロッパ全体でも同じことが起きている。[12]私たちはこれを蝶《ちょう》ネクタイ効果と呼ぶ。生産者の大部分が片側に、消費者の大部分が反対側にいて、その中央に四つか五つの企業が作る仕分けターミナルが陣取《じんど》っている。中央にいるこれらの企業は価格の決定や生産条件への影響力、そして将来のフランスにおける農産加工品のあり方を決定づける並々ならぬ力を有している。それらの企業は先ほど見たような、水の消費の大部分を占め、温室効果ガスの排出に大きく寄与する工業型農業を推進する。また、ごみの排出や農作物の栽培方法、商品の輸送、工業的な生産工程において、同じく多大な影響力を持っている農産加工品を扱う多国籍企業と密接に連携している。一見してそれらの企業の経済力と社会的地位は揺《ゆ》るぎないものに思えるし、環境に及ぼす悪影響は私たち一介の市民とは比較にならない。だがそれら超巨大企業に力を与えているのは誰なのか。毎日少しずつ成長させているのは誰なのか。食品市場での確固たる立場を保証し、かくも甚大《じんだい》な影響力を振るうがままにさせているのは誰なのか。顧客《こきゃく》である。日々スーパーマーケットの巨大な売場を訪れ、ショッピングカートをいっぱいにしている何百万人もの人々である。まさに「あなたが買わなければなくなるのに」というコリューシュ〔一九四四－八六、フランスのコメディアン。ホームレスや低収入の家族などに無料で食料を提供する団体「心のレストラン」（レストー・デュ・クール）の創設者〕の言葉通りだ。もちろんこれに対しては、原発のケースと同様に、一九六〇年代に（補助金やキャンペーンによって）国としてスーパーマーケットの拡大路線を取った政治の選択の責任でもあると反論することはできる。それはその通りだと思う。しかしそのモデルも、私たち一人ひとりがそれに加担するという合意の上にしか成立しない。もし大多数の個人が、環境を汚染し、資源を浪費し、大量のモノを輸送している大企業から食品や商品を買わなくなれば、それらの企業は環境に悪影響を及ぼす力をほとんど失うだろう。問題はどのようにして大多数の人々を説得するかだ。そこで共通の「物語」、つまり一人ひとりの行動を意味づける背景が必要となってくる。それが実現したときに――他の多くの行動と連動したときに――核となるのは個人の行動だ。それは互いの行動が重なり合うための基礎となるだけでなく、さらに大きな文化的変容の種《たね》ともなるからだ。例えばオーガニック食品の消費は数年前から爆発的に伸《の》び、不況知らずの数少ない市場の一つとなっている。オーガニック食品の販売に関連する売上高は二〇一〇年と比較して二倍に、一九九九年と比較して七倍に増加している。この成長の主要な要因となったのは個人の消費である。[13] いくつものブランドがオーガニック食品を発売し、その結果として有機農作物を育てる農地面積が一〇年前と比べて三倍に増え（まだまだ十分とはいえないが）、農業高校で有機農業の教育が始まり、農薬の使用を制限する法案が（すべて実現するわけではないが）毎年のように提出されているのは、決して偶然ではないということだ。法案の一つは二〇一六年に可決された。この法案はモルビアン県〔フランス西部ブルターニュ地域の県〕の環境保護派上院議員ジョエル・ラベによって提案され、多くのＮＧＯと幅広い層の国民から全面的な支持が寄せられた。

それに一役買ったのが「議会と市民」（Parlement & Citoyens）というウェブ上のプラットフォームである。その利用法と役割は簡潔明瞭だ。国会議員はこのプラットフォームを通して国民に法案を提示し、国民に法案の追加や修正、支持を呼びかけるというものである。議員（当時の環境相セゴレーヌ・ロワイヤルや他の議員たちから支持を受けた前述の上院議員）と市民の円滑《えんかつ》な協力により、こうして「公共の場での農薬の使用を禁止する法律」が公布、二〇一七年一月一日付で施行された。

　これらの変化ではまだ足りない。本当の変化を起こすためには企業による大規模な投資と、さらに広範囲に及ぶ法案の可決が必要となるだろう。例えば、ヨーロッパの助成金の使途《しと》を変更する法案、公的機関の食堂で出される食事をすべて地域産の有機食品に変える法案、段階的に農薬の使用を禁じて栽培方法の転換を促す法案などがそれに当たる。

　そのような法案を通したり、様々なロビー団体の圧力に対抗したりするためには、議員と市民が手を取り合わなければならない。それを理解していたフランクリン・D・ルーズベルト〔アメリカ合衆国第三二代大統領〕——勇敢な改革に取り組んだ最後の西洋民主主義先導者の一人——は独自の戦略を取った。ジャーナリストのナオミ・クライン〔一九七〇－、カナダ人作家・活動家・ジャーナリスト〕は講演会で次のように伝えている。「社会運動団体や労働組合がルーズベルトのもとを訪れ、ニューディール政策に取り入れてほしい社会福祉制度を提案した際、ルーズベルトは彼らの話を黙って聞いた後こう答えました。『街に出て声を上げ、私に対応を余儀なくさせてください』。一九三七年、四七四〇件のストライキが発生しました」[14]。こうしてアメリカで初の社会福祉制度が制定された。

大規模な政治的変革に取り組むためには、市民は勇気ある政治家を必要とし、勇気ある政治家は何百万人もの市民の支持を必要とする。民主主義や環境、社会福祉分野での変革に取り組む政治家の美談の裏には、協力を生み出す戦略が隠されている。だが、この市民と議員の連携は突如発生するものではない。もし日常の中で自分自身がまったく関わっていないなら、政府にごみゼロ政策を取らせ、農業補助金の使途を有機栽培へと転換させるために何百万人もの人々が運動を起こすとは到底思えない。同様に、社会運動の後押しがない限り、新しいタイプの政治リーダーが台頭してくるとも思えない。中長期的に見てこの二つの戦略——日常での行動と政治的行動——は切り離すことができないのである。

何をするための行動か?

個人の行動か、集団の行動か? そのような不毛な議論に意義がないことはおわかりいただけただろう。大規模な変革を起こすためには社会のあらゆる層に呼びかけ、議員、企業、市民の協力を生まなければならない。後は何をするかだ。ここでも二つの勢力が対立している。

一つ目の勢力[I]は、崩壊はすでに始まっており、止めることはできないと主張する。私たちには被害を軽減することくらいしかできない。「崩壊」という言葉を用いてイヴ・コシェが指し示すのは、国や中央の機構が国民生活に必要な最低限のもの（食料、飲料水、暖房、電気、医療、教育など）を、国民の大部分に対して保証できなくなるような事態である。

　こうした考え方に立つ思想家や研究者の一部は、体制を内側から変革すること（政府に圧力をかける、多国籍企業を変えようと努めるなど）に時間とエネルギーを費やすのは無駄だと考える。体制を形づくるそれらの巨大な機構は経済成長を前提とした消費主義、資本主義モデルに沿って機能するよう作られている。ところが破壊を食い止める唯一の方法は、エネルギーや資源の使用を大幅に――イヴ・コシェによれば一〇分の一に――減らすことである。つまりそれは経済成長とＧＤＰの崩壊を意味する。だから崩壊学者や「急進派」エコロジストの一部は、経済成長に完全に依存した論理から抜け出せない国や企業（そして消費者）にとって、座礁《ざしょう》覚悟で進み続けること以外に他の選択肢がないのだと考える。それゆえ彼らは、破壊を食い止めるために体制に反抗し、生き残るためにその必要条件を整備するという二重性を持った行動に出る。ディープ・グリーン・レジスタンスの支持者にとって、工業社会にひびを入れ、「解体」することは必要不可欠である。ナチス

I代表的なのがフランスの「崩壊学者」〈崩壊学とは工業文明の崩壊を研究する学問〉とアンスティチュ・モメンタム〈本書三七頁訳注＊参照〉のメンバーたちである。イヴ・コシェ、パブロ・セルヴィーニュ、ラファエル・スティーヴンス、映像作家のクレモン・モンフォール、著作家のドミートリー・オルロフなどがいる。

に対抗したレジスタンスが列車を爆破しインフラを攻撃したように、彼らは製油所を封鎖《ふうさ》し、空港や原発の建設を阻止し、巨大商業地域の開発を中止させ、加速度的な消費＝破壊を促すこれらの象徴物を攻撃しなければならないと考える。自然とその破壊者とのあいだに割って入り、略奪をできる限り妨害しなければならないと考える。並行して彼らは、高い復元力《レジリエンス》Iと自立性を備えた、今よりもはるかに簡素な、新しい社会の土台を築く道を模索《もさく》している。生活に必要な物資を地域内で生産することで、多国籍企業の支配から解放された社会を目指す。それがうまくいけば、ローテクが生活の要となり、複雑なテクノロジーは必要なくなるだろうと彼らは考えている。ノートル・ダム・デ・ランドの「ザディスト」*たちはすでにそれを実現しているし、ダコタ・アクセス・パイプライン建設に反対するスタンディングロックの運動**は世界中の人々の支援を受け、今まさにそれを実現しようとしている。

もちろんこれらの運動は一枚岩ではなく、内部には様々な立場が存在する。なかには過激な対立を好む活動家もいる。しかし基本的には非暴力の運動である。権力者にとってこれらの運動の存在は部分的には脅威《きょうい》となっている。なぜ「部分的」かというと、現在の資本主義＝消費主義モデルを根本から問い直そうとする革命の勢力は、体制側のイデオロギーを覆《くつがえ》す真の脅威となるにはまだ規模が小さいからだ。これらの運動の大部分を構成するのは反成長主義、反資本主義、時に無政府主義《アナーキズム》の立場に立つエコロジストである。彼らは簡素な生活に基づいた社会と、人間の支配や富の独占によって機能する中央集権型の機構から独立した社会を作り上げようとしている。

次に二つ目の勢力、もう一つの「学派」に属するエコロジストたちは、社会を生まれ変わらせるための時間はまだ残されていると考え、市民、企業、議員の参加をできる限り広範囲から募るべく尊《とおと》いエネルギーを費やしている。ところで、この勢力の内部にもさらに二つの異なる立場が存在する。一つはＳＥＲ[Ⅱ]を謳《うた》い文句に「グリーン成長」〔環境や生態系への影響に配慮しながら経済成長を実現する戦略〕や「持続可能な開発」を支持する立場だ。そのほとんどは、リサイクルの量を増やす、エネルギー消費量を減らす、製造工程を改良し環境への負荷《ふか》を減らす、といった既存の施策の修正にとどまり、資本主義＝消費主義モデルの根本を問おうとはしない[Ⅲ]（五七頁）。もう一つは数多くのＮＧＯや社会運動、社会起業家や地方議員

Ⅰ外的なショックを受け止め、踏みとどまる力。

＊ナント近郊の街ノートル・ダム・デ・ランドの空港建設に反対し、建設予定地に住み着いた活動家たちを指す。「ザディスト」の名前の由来となった頭文字ＺＡＤはもともと「開発整備予定地域」(Zone d'Aménagement Différé) を意味していたが、彼らにより「守るべき土地」(Zone A Défendre) と読み換えられた。

＊＊二〇一六年にアメリカで始まった石油パイプラインの建設に反対する運動。ノースダコタ州とイリノイ州を結ぶおよそ一九〇〇キロの石油パイプラインはアメリカ先住民族が住むスタンディングロック居留地のすぐそばを通っているため、オイル漏《も》れによる水源や土地の汚染が懸念されている。フェイスブックを通して世界中の人が抗議に加わっている。

Ⅱ「企業の社会的責任および環境に対する責任」の略号〔「企業の社会的責任」(ＣＳＲ) に環境への配慮を加えたもの〕。

が賛同を表明している立場だ。彼らは資本主義経済の土台がもう長くは持たないということ、エネルギーや資源の使用を大幅に減らし富を公正に分配することが不可欠であるということ、そして新しいモデルを発明する（これについては後述する）必要があるということを理解しながらも、現代の文明や現代のテクノロジーの一部を残すことによって、それらを今よりも自然と人を尊重《そんちょう》した形で人類のために役立てることができると考えている。現代文明と地球環境の調和をどのように取るか、というのがこの運動が取り組む課題である。

二〇一六年、私はディープ・グリーン・レジスタンスのメンバーに「間違った解決策」を吹聴《ふいちょう》していると非難された。映画『ＴＯＭＯＲＲＯＷ　パーマネントライフを探して』の中で再生可能エネルギーを大々的に推奨《すいしょう》したからだ。これには一理ある。多くのエコロジストと同様に私たちも、再生可能エネルギーが無条件に「クリーン」であるように見せる傾向があった。しかしエネルギー源（風、太陽、水、バイオマス）が再生可能であっても、それを実用化するためのテクノロジーはそうではない。インターネットやスマートフォン、コンピューターのテクノロジーと何ら変わらない。どんなに進歩したところで、相変わらず金属や資源を必要とするのである。私たちは尋《じん》常《じょう》でない速度で地殻《ちかく》から資源を採掘している。後に残るのは荒廃《こうはい》した土地と使い捨てられた人間だけだ。[15] これらのテクノロジーに必要な資源や設備は自然を破壊し、その領域を侵食していく。巨大なダムは、ブラジルで二〇一五年に起きた事故のように、環境に致命的な被害を与える惨事を引き起こしかねない。集落に住む人々は生きる土地を奪われ、生態系はかき乱される…。現実として、人間の活動のほとんどは生物圏に影響を与えている。こうした非難（あるいは急進派エコロジストと穏健《おんけん》派エコロジストとのあいだの論争）が提起する本当の問いはこうだ。環境に影響を与える人間活動を最小限に抑える方法、これを探すべきか、それとも環境破壊に関わる活動自体をやめるべきか。再生可能エネルギーはたしかに化石燃料や原子力と比べれば、現在最も害の少ないエネルギー生産方法といわれている。II だがそれでも破壊を伴わずにエネルギーを生み出すことができないのだとしたら、私たちは果たしてそれを続けるべきなのか。電気を使う生活を続けるべきなのか。道路や線路の建設を要する移動手段を使い続けるべきなのか。都市に住み続けるべきなのか。ディープ・グリーン・レジスタンスの支持者は誰もそうだとは考えない。それどころか彼らはもっと根本的な問いを投げかける。人間は地球の生態系の中で特別な地位にあるのか、それとも数ある種《しゅ》のうちの一つでしかないのか。後者であると、この運動に携《たずさ》わる思想家の一人デリック・ジェンセン

III（五五頁）　SERや「持続可能な開発」の責任者たちの真摯《しんし》な努力も、事業の採算性に影響しない範囲に限られる。

Iミナス・ジェライス州で二つの鉱山ダムが決壊し、何万立方メートルにも及ぶ汚染された泥が濁流《だくりゅう》となって流れ出た。汚泥《おでい》は生態系に壊滅的な被害を与えながら、海に向かって押し進んでいった（reporterre.net）。

IIこの主張自体にもまた議論の余地はある。二〇一八年にレ・リアン・キ・リベール社から刊行されたギョーム・ピトロン〔フランス人ジャーナリスト〕の著書『レアメタル戦争―エネルギー転換とデジタル革命の隠された一面〔未訳〕』または二〇一四年にスイユ社から刊行されたフィリップ・ビウィの著書『ローテク時代〔未訳〕』を参照。

は最新の著書『人間至上という神話〔未訳〕』の中で答えている。人間は動物の一種でしかない。それもおそらく最も地球を侵略し破壊する動物だ。都市や道路を建設し始めたときから、人間は他の種が暮らしていた空間を奪い始めた。電気と化石燃料を手に入れ、破壊と侵略の力は桁《けた》違いに膨《ふく》れ上がった。こんなことはもう終わりにしなければならない。それも一刻も早く。

人間を原始人のように再び自然の中に戻すというこの計画は、実現を望むべきものだろうか。植物や動物にとっては大いにそうだろう。繁栄のための場所を取り戻すことができるからだ。だが人間にとってどうかというと、答えに詰まってしまう。何世紀ものあいだ当然のように自然を支配してきた私たちにとって、それは簡単には答えることのできない哲学的な問いである。その支配的な地位を疑問に付すことは何世紀にもわたる文明と、とくに産業革命以降の時代が西洋にもたらしてきたもの（ほぼ一様に成果や進歩とみなされ、もはや手放せなくなった快適な生活）を失うことに等しい。

I

私には「この計画は実現可能なのか」という問いのほうが現実的に思われる。なぜならばこれは時間との闘いでもあるからだ。

ディープ・グリーン・レジスタンスの支持者や崩壊学者は「可能だ」と答えるだろう。来たるべき崩壊が工業社会と資本主義を一蹴《いっしゅう》し、私たちは並みいる造物主《デミウルゴス》の助けなしに社会を再建することを余儀なくされるだろう。こうして地球は息を吹き返す。しかし崩壊は同時に、何億あるいは何十億人もの人々の死を意味する。ところがその中には億万長者や、崩壊を引き起こした責任者はいない。犠牲になるのは最も弱い人々だ。植物や動物に共感すると言いながら、どうしてそれを受け入れることなどできようか。私には到底受け入れられない。なのでその状況を回避するために手を尽くす。回避が不可能であるなら、できる限り被害を軽減するためにあらゆる努力をすべきと考える。

次のジェンセンの文章は問題の核心を突《つ》いている。「過去の例が教えてくれるように、活動家の役割は、弾圧体制の迷路をばか正直に進んでいくことではなく、その体制としっかり対峙《たいじ》し、その体制を瓦解《がかい》させることにある」[16]。体制を瓦解ないし変容させるためには、何百万人もの人々の協力を生み出さなければならない。これから見ていくように、それを実現する最善の方法は「新しい物語」を創ることである。とはいえ、工業社会を解体して森での生活に戻るという物語が人々の共感を得るとはとても思えない。それでもこの議論は、私たちを新しい問いへと導いてくれる。

私の考えでは、「何をしたらよいか」あるいは「個人で行動すべきか、集団で政治運動を起こすべきか」が問題なのではない。問題は、「些細《ささい》なものも含め、私たちの行動はどのような展望を持ち、それがどのように集団の物語の一部をなしていくのか」にある。

I 実はこの問いはまた別の、さらに重要な問いを内包している。人間にはその特性の行使によって、地球の生態系の中で果たすべき役割はあるのか？　もしあるならば、その役割とは何か？

もし私たちの日々の行動が自己満足に終始し、現代社会を形づくる支配的な物語の中にとどまっているのであれば、社会を変えることなど到底できない。それどころか、突き崩そうとしている当の論理を逆に補強しかねない。電気代が浮いたから旅行に行こう、持続可能な開発に取り組むマクドナルドでビッグマックを食べよう、いや待てよ、マックベジのほうがいいな…大手企業がオーガニック食品の販売に参入してくれたから、地域生産者や個人店舗《てんぽ》を回らなくても一ヶ所で買い物は済ませられる…。これでは私たちの集団を支配している論理に疑問を突きつけることはできない。分野ごとにばらばらに行われている部分的な政策にしても、経済成長や消費主義の弊害《へいがい》を断ち切ることではなく抑制することが目的であるから、支配的な論理それ自体を疑問に付すものではない。

機械的で工業的な論理で動く私たちの世界は、現実というものを、互いに隔《へだ》てられタコ壺《つぼ》に暮らすばらばらな個人の集合体へと作り変えてしまったかに見える。だが本当の現実は工場の組み立てラインよりもはるかに複雑で、無限に続く相互の支え合いによって成り立っているのだ。もはや世界と無関係に思考し、行動している場合ではない。私たちの出す答えは、複合的で、全体に配慮したものでなければならない。自分の行動は大海の中の一滴《いってき》にすぎないのではないか…そう感じてしまえば人の意志はいとも簡単に挫《くじ》けてしまう。一人ひとりの行動を一つひとつつなぎ合わせ、大きな戦略の中に位置づけていく必要がある。集団形成の専門家は、戦略はビジョンから生まれると私たちに教えてくれるだろう。

3 歴史《イストワール》を変えるために物語《イストワール》を変える

何年にもわたるＮＧＯでの活動のすえにようやく気づいたのは、「何百万人もの人々を動員したいのなら行き先を示さなければならない」ということだ。ＮＧＯは不正を訴え、事実を追求し、警鐘《けいしょう》を鳴らすことには途方もない時間を費やすが、自分たちが目指しているもの、本当に自然と共存できる「世界の像を描いた物語」を示すことにはほとんど時間とエネルギーを割《さ》かない。だが想像や物語は人間の心を動かすこれ以上ない燃料なのだ。イギリス人エコロジストで著作家のジョージ・マーシャルは、人間の脳が気候変動の現実を見ようとしないメカニズムについて数々の研究を行い、次のように書いている。「物語は人間の認知機能における決定的な役割を担っている。

物語の持つ力によって、感情をつかさどる脳は理性をつかさどる脳が集めた情報に意味を与えていく」。彼は示唆《しさ》に富んだ著作『考えさえしない――なぜ私たちの脳は気候変動を無視しようとするのか〔未訳〕』の中でこう説明する。「人間は長い進化の過程で二つの異なる情報処理方法を発達させた。一つは現実を抽象《ちゅうしょう》的な記号や言葉、数字に置き換えながら論理的な分析に基づいて処理を行う方法で、もう一つは感情（とくに恐怖、不安）やイメージ、直感や経験に基づいて処理を行う方法だ。言語の用途はこの二種類に分けられ、論理的な分析に基づく方法では、言語は描写や定義を行うために用いられる。これに対して感情等に基づく方法では、言語はその意味を伝えるために、とくに物語の形式を取って用いられる。〔…〕人間は物語によって世界に意味を与え、価値を知り、信仰を持ち、思考や夢、希望や恐怖に形を与える。神話や寓話《ぐうわ》、叙情詩、歴史物語、悲劇、喜劇、絵画、ダンス、ステンドグラス、映画、社会史、おとぎ話、小説、科学図表、漫画、会話、新聞記事など、物語はそこらじゅうにある。私たちは読み書きを覚える前から三〇〇種類以上の物語を耳にしている」[1]。

小説家のナンシー・ヒューストン〔一九五三―、カナダ人小説家〕は人間のこの本源的な活動について、『空想する種《しゅ》〔未訳〕』と題したエッセーを書いている。「私たち人間だけが地球上の自分たちの存在を、意味と方向を持った一つの軌跡《きせき》と捉えている。弓なりの軌跡。誕生から死に向かって進む一本の曲線。時間軸《じく》の中で広がる、始まりと種々の波乱、そして終わりを持った一つの形。別の呼び方をすれば、物語。〔…〕物語は私たちの生に、他の動物が知ることのない意味という次元を与える。〔…〕自然と同じように私たちは無を嫌《きら》う。気づけば即座に『理解』しようとせずにはいられず、それも主として物語、つまりフィクションを介して理解しようとする」[2]。

世界的に有名な『サピエンス全史―文明の構造と人類の幸福』〔上・下、柴田裕之訳、河出書房新社、二〇一六〕の著者ユヴァル・ノア・ハラリ教授〔一九七六－、イスラエルの歴史学者〕によれば、人間が他の生物よりも長《た》けている存在とみなされるのには大きな理由がある。それは道具を作る能力でもなければ（ホモ・サピエンスは長きにわたり道具を作り続けてきたが、何千年ものあいだ、今日のように生態系の頂点に立ち自然現象に匹《ひっ》敵《てき》するほどの影響を及ぼすことはなかった）、特異な知能でもなく（何十万年も昔からサピエンスは最も知能の高い動物――人間自身が立てた基準に従えば――だったが、それでも生物圏へ及ぼす影響は小さかった）、生物界では類を見ない協力する能力を持っているからだ。同様に、デイヴィッド・スローン・ウィルソンやエリオット・ソーバー、エドワード・O・ウィルソン、マーティン・ノワク〔いずれも生物学に関連する学問の研究者〕らの研究もまた、人間を「優れた協力者《スーパーコオペレーター》」とみなしている[3]。サピエンスは小さな集団だけでなく、何億人という単位で柔軟に協力する能力を持っている――それが他の種《しゅ》にはない決定的な特徴でもある。だがどのようにしてだろうか。それはハラリ教授が「共同主観的な意味のウェブ」と名づけた、私たちの共同幻想の中にしか存在しない概念《がいねん》の集合体によってだ。言い換えれば物語や信仰によってである。彼によれば、ホモ・サピエンスは言語を用いてまったく新しい現実を創造する。[4] ユヴァル・ノア・ハラリやジョージ・マーシャル、ナンシー・ヒューストンらによれば（彼ら以外にも多くの人がこのような理論を提唱している）、連綿と続くフィクションや信仰が個人と社会を形成している。それらは時代とともに移り変わり、私たちの世界の見え方を揺《ゆ》るがしてきた。一一八七年のときには、ローマ教皇の呼びかけに応じ、聖地エルサレムを守るためにサラセン人と戦おうと出立する若きイギリス貴族〔十字軍兵士を指す〕は真っ当であるとされた。今日、同じイギリス人家族は、もし息子が神の名において戦いに旅立つと言ったなら過激派の危険思想の影響を疑うだろう。一三世紀の農民にとっては王が絶対の権力を有していたから、自分たちの意向を問わずに王が権力を行使するのは当然のことだった。二一世紀の農民は、もし自分が票を投じた県知事が選挙の公約を果たしていないと判断したなら、県庁前に何トンもの糞尿《ふんにょう》肥料をまき散らすことだろう。いつの時代も幾多の物語や信仰のおかげで、社会は共通の物語という軸を持ち、まとまってきた。神や王国。人の優性と劣性（男性に対する女性、白人に対する黒人など）。絶対的な力を持つシンボル（今日ではお金がとくに強い力を持っている）。あるいは一丸となって駆逐《くちく》すべきとされた敵（だが一九一四年〔第一次世界大戦勃発（ぼっぱつ）〕の戦場に立つフランスの農民たちの驚きはいかほどであったろうか。目の前の敵とされたドイツの農民たちを見れば、しわの一本一本まで自分たちに似ていて、同じように怯《おび》えており、こうして互いに殺し合わねばならない本当の理由について、自分たちがそうであるように彼らもまたまったく心当たりがないのである）。このように膨大《ぼうだい》な数の個人を協力させることによって「共同主観的な」現実は国家、政治制度、テクノロジー、経済、貨幣、宗教などを生み出してきた。

　文字の発明と書物の誕生によってこれらの物語はあらゆる人々に向けて発信され、急速に普及していった。トーラー〔旧約聖書冒頭の五つの書。ヘブライ語で律法の意〕や新約聖書、コーランの普及――そしてそれらの書物を使った宣教活動――は、世界中の至るところで宗教や社会、政治制度を構築する基礎になったとともに、数々の血なまぐさい争いの原因にもなった。だが純粋な創作としてのフィクション作品（想像によって書かれた価値ある作品）も現実の大きな出来事と無関係ではない。ジュール・ヴェルヌ〔一八二八－一九〇五、フランスの小説家〕が一八六五年に書いた有名な小説『月世界旅行』では、三人の男を乗せた砲弾が地球の衛星〔＝月〕に向けて打ち上げられる（到達まで九七時間二〇分！）。ヴェルヌがこれを想像したとき、彼はまだ自分の作品が一九〇一年のH・G・ウェルズ〔イギリスの小説家。ヴェルヌと並んでSFの父と称される〕にひらめきを与えることになるなど知る由もない。そうして書かれたこのウェルズの小説『月世界最初の人間』は、今度は一九〇二年にジョルジュ・メリエス〔フランスの最初期の映画監督〕によって『月世界旅行』の名で映画化され、この映画も後の多くの作品の糧《かて》となって、さらにそれらの作品もまた次なる作品を育てていくこととなる。一九二九年、映画『月世界の女』[5]でフリッツ・ラング〔オーストリアの映画監督〕はロケットによる月面着陸を描いた。それは一九三六年にソ連で製作される映画『宇宙飛行』[6]に直接影響を与え、ベルギーのバンド・デシネ〔フランス語圏で広く読まれる漫画〕作家エルジェも一九五三年と一九五四年にロケットに乗って宇宙に飛び立つ主人公タンタンの冒険を描くこととなる。『月世界征服』を撮った映画監督アーヴィング・ピシェル〔アメリカの俳優・映画監督〕や、その原作小説『宇宙船ガリレオ号』の著者ロバート・ハインライン〔アメリカのSF作家〕も忘れてはならない。ジュール・ヴェルヌの本が書かれてから一世紀後の一九六二年、ジョン・F・ケネディ〔アメリカ合衆国第三五代大統領〕の宣言（「我々は月に行くことに決めた」）に世間が熱狂の渦《うず》に包まれた背景には、これらの小説や映画作品の影響があったと見てまず間違いない。人間の想像力が十二分に働いた結果、月旅行計画は人々を本気にさせ、七年後には最初のアポロ計画が現実のものとなった〔一九六九年、アポロ一一号の月面着陸〕。二〇一七年にはイーロン・マスク〔アメリカの自動車会社テスラのCEO〕（彼もまた人間が宇宙を支配するという無数のフィクションの影響を受けた）が、火星の征服に乗り出した。このような例は次から次へと出てくるだろう。「長いあいだサイエンス・フィクションは科学から発想を得ていました。今日ではそれが逆転し、科学のほうがサイエンス・フィクションから発想を得ています」[7]と人工知能の専門家ジャン＝ガブリエル・ガナシア教授は言う。往々にして行動の前には想像があり、想像から生まれる物語は私たちの世界の見え方や信仰、文化を形づくっていく。物語の発信方法が発達した時代においてはなおのことだ。

フランス世論研究所が一九四五年から二〇一五年にかけて、任意に選んだフランス人を対象に、ある調査を実施した。[8]私は数ヶ月前、その結果を見て衝撃を受けた。「一九四五年のドイツの敗戦に最も貢献《こうけん》した国はどこだと思いますか」という質問に対し、一九四五年の調査では五七％の人がソ連と答え、二〇％がアメリカと答えた。二〇〇四年、結果は見事に逆転し、五八％がアメリカ、二〇％がソ連と回答した（一九九四年から二〇一五年のあいだ、この数字はほぼ変わらない）。二〇一五年にはイギリスの調査会社ＩＣＭが同じ調査をフランス、ドイツ、イギリスで実施した。フランス人の六一％とドイツ人の五二％がアメリカと答え、イギリス人の四六％はイギリスと答えた。

しかし事実に一番近い回答をしたのは一九四五年のフランス人だ。戦死者の数ではソ連が九〇〇万から一二〇〇万人にのぼるのに対し、アメリカは四一万五〇〇〇人、イギリスは三八万四〇〇〇人であった。また、独ソ戦にはドイツ軍の大半が動員され、一九四四年から四五年の期間も含め、かなりの数の死傷者を出している。だがアメリカの映画業界は一九四五年から二〇〇四年にかけて、アンクル・サム〔アメリカやアメリカ人を指す俗称〕の軍隊による解放の偉業を称《たた》えた映画（いくつかの例外を除く）を二〇〇本以上製作し、別の物語を構築していった〔本書一五二頁も参照〕。つまり、アンケートに答えた人の過半数にとっての歴史もまた、歴《イストワール》史ではなく、巧妙《こうみょう》に語られた一つの物《イストワール》語だったのである。

現代社会の自由主義、資本主義、消費主義という物語も似たような方法で作り上げられ、広まっていったと考えられる。膨大な量の映画や記事、本、広告は共産主義という物語を打ち破った。奔《ほん》放《ぽう》な消費主義の支持者たちは、政治的な勝利に先立ってイデオロギーと文化の闘い、つまり想像の闘いに勝利した。何億人もの西洋人の創造力と（化石燃料の力を得た）労働力をこの企《くわだ》てに動員するには、構築したい新しい世界に形を与え、心から実現したいと思わせることが不可欠だった。

その世界が実現すればもっといい暮らしができる…、そういう希望を持たせる必要があった。そして多くの面でその希望を叶《かな》えた。搾取《さくしゅ》された国々、種々の生物の絶滅という犠牲と引き換えに。

テクノロジー礼賛、楽園のような砂浜で過ごすバカンス、液晶テレビやスマートフォン、露出度の高い女性、夢のような景色の山道を行く車、アマゾンの当日配送サービス…今日多くのエコロジストが直面しているのは、これらの圧倒的な物語の壁だ。ブランドや量販店、そしてソーシャルネットワークにあふれる様々な種類の「インフルエンサー」〔インターネット上のメディアを通じて世間の消費行動に強い影響力を持つ人〕によって日々発信される何百万件ものメッセージ。ＮＧＯのキャンペーンはこの正反対のメッセージを相手に、どう対抗していけばよいのか。キム・カーダシアン〔アメリカのテレビ番組パーソナリティ、モデル。自身の化粧品ブランドも手がける〕のインスタグラム（一億五〇〇〇万人のフォロワー）に投稿された新しいラメ入りグロスの宣伝を相手に、国際環境ＮＧＯのグリーンピース・インターナショナルのインスタグラム（六二万八〇〇〇人のフォロワー）に投稿された気候変動への行動を呼びかけるメッセージはどんな成果を上げられるだろうか。前者およそ二〇〇〇万の「いいね！」に対して、後者の「いいね！」は一万だ。

ハラリが『ホモ・デウス―テクノロジーとサピエンスの未来』〔上・下、柴田裕之、河出書房新社、二〇一六〕の中で説明しているように、フィクション自体が悪いわけではない。フィクションは人々にとって、なくてはならないものだ。人々を結びつける物語がなかったとしたら、国家や貨幣、企業、文明は生まれなかったたろうし、いかなる社会も、その複雑な形態を維持し機能させることはできなかったに違いない。まとまりや協力を生み、共同生活に意味を与える物語が私たちには必要なのだ。とはいえ、これらの物語やフィクションはあくまで道具でしかなく、真実でもなければ、それ自体が目的となるものでもない。そのことを忘れた日には、私たちは政治、経済、宗教をめぐって、私たちの想像の中にしか存在しないものを守るための戦争に駆《か》り立てられ、物語やフィクションの命じるままに資源を奪い合い、種《しゅ》を根絶してしまうことになるだろう。どこか悲劇を思わせる話だ。ではなぜ、私たちは「新しい物語」をすぐに創ろうとしないのか。これから見ていくように、事はそう単純ではないからである。

4　現在のフィクションを支えているもの

なぜ行動しないのか。思考の迷路にはまり悪戦苦闘する私たちを見たら、六歳の子どもでさえそう思う。理論上、必要なものはすべて揃《そろ》っている。私たちは大勢で事に当たれるし、しかもこの本の冒頭に書いたような数々の驚異的な発明を可能にした創造力を備えている。すでに問題の一覧は出来上がっており、いくつもの解決策が用意されている。にもかかわらず、ほとんど何もしていない。破滅に突《つ》き進む列車に乗りながら、何もせず、ただその行先を見つめているかのようである。

これにはいくつもの理由、とくに心理的な理由があることは後に述べる。しかし今この段階で最も重要だと思える理由は、私たちを取り囲んでいる「物語」（および「物語」が私たちに課している条件）と、私たちの生活を支配している「構造」に関わるものだ。フランスの集合知性研究家ジャン＝フランソワ・ヌベルはこれを「見えない構造」と呼んでいる。

「物語」は魚にとっての水、人間にとっての空気のようなものだ。見えないけれども常にそこにあり、私たちの細胞を満たし、私たちの世界の見え方、ひいては選択にも影響を与える。現実と一体化しているため、私たちはその中でしか考えることができない。この「物語」は続いて「構造」として出現し、私たちの日常行動を導いていく。「構造」は行動の枠組《わくぐ》みとなり、私たちがするべき行動、あるいは私たちが選択したと思っている行動を規定する。

「物語」と「構造」という二つの概念を理解するために、日常の中で私たちが何に一番時間を使っているかを観察してみよう。

二〇一七年、フランス人は平均して一日に五時間半働き、[I] 八時間スクリーンを見て過ごし、[II]（七三頁）七時間眠り、[III]（七三頁）一－二時間を食事に、一時間半を移動に、[IV]（七三頁）残りの時間をその他の活動に使う。げんなりさせるようだが、起きているあいだの私たちの時間とエネルギー、創造性の大半が、スクリーンとの

Iフランス人の平均的な労働時間は年間一九二八時間、一日当たりに直すと五・三時間となる。数字や平均値の常として、ここでは週五二時間働く人と三二時間しか働かない人との差は見えない（lemonde.fr）。

対話と仕事に費やされているということだ。このことは現在最も力を握っているフィクションを検証すれば容易に説明がつく。成長神話である。私たち二一世紀の西洋人にとって、グローバル化し金融化した経済活動は社会を支える屋台骨だ。経済活動は豊かさや日々の満足、快適な暮らしを保証し、また七〇年以上にわたり（少なくともヨーロッパにおいては）相対的な平和を約束してきた。[I]しかしこの経済モデルを存続させるには、持続的かつ際限のない成長が必要である。声高《こわだか》に叫ばれる成長のために、休むことなく生産と消費が繰り返され、矛先《ほこさき》が資源の採掘に向けられれば、さらなる自然資源の破壊と廃棄物の山が生じることになる。

第一の構造——生きるための労働

この成長を維持するために、二一世紀の西洋人は、二〇世紀初頭の西洋人が工業を発展させ続けたように（今ではその大部分がアジアに移ったが）、商業を活性化し続けなければならない。そのために私たちは若いうちから（広い意味での）教育を受けさせられる。アメリカの経済学者ジェレミー・リフキンはこう書いている。「欧米の公立学校運動は、一人ひとりの人間が持つ潜在的生産性を育成し、〔二〇世紀の石油を中心とした第二次〕産業革命を推《お》し進める生産的な労働力を生み出すことを主たる目的としていた」[1]。一九七〇年代以降、かの〔第二次〕産業革命が西洋社会を変容させたのに伴って学校も変化した。学校は知識を伝えていくことに加え、生徒が社会の一員となるための準備に力を注《そそ》ぐようになった。ここでいう社会とは消費主義、自由主義を掲げるグローバル化した競争社会、成長と利益、すなわち金《カネ》に取りつかれた社会のことである。なぜそこに力が注がれたかといえば、現代の西洋社会で活動していくには、この時代に蔓延《まんえん》するもう一つのフィクションである金を十分に所有していなければならないからだ。最低限の生活と満足を保証するモノやサービスは金と引き換えに手に入る。この金は相続によって確保するか、もしくは――大多数の人にとっては――労働力や創造力、大脳の働きと引き換えに得られる収入によって確保しなければならない。まだ若いうちから、私たちは次の等式を理解する（減少傾向にはあるものの、この等式は根強く残っている）。良い成

Ⅱ（七一頁）およそ四時間をテレビに、四時間を他のデバイス（スマートフォン、タブレット、パソコン）に費やす。ウェブやソーシャルネットワークの閲覧《えつらん》やゲームをする時間は移動や食事、仕事の時間にも含まれていると思われる。なお、仕事でパソコンを使用する時間はここには含まれない（www.emarketer.com）。

Ⅲ（七一頁）フランス人の平均的な睡眠時間は七時間一三分（futura-sciences.com）。

Ⅳ（七一頁）職場との往復に五〇分、残りは買い物や学校、遊びなどの活動にかかる移動時間（lemonde.fr）。

Ⅰこれにはいくつもの理由があるが、なかでも信用創造〔銀行が貸付によって預金通貨を創造する仕組み〕が大きな要因である。この問題については筆者の前著『明日―新しい世界の始まり〔未訳〕』（アクト・シュッド社、ドメーヌ・デュ・ポシーブル叢書《そうしょ》、二〇一五〔巻末原注第5章1参照〕）に収録されたベルナルド・リエターとの対談に詳しい。またユヴァル・ノア・ハラリの『ホモ・デウス』〔巻末原注第3章4参照〕およびメドウズ夫妻の大著『成長の限界』〔大来佐武郎監訳、ダイヤモンド社、一九七二〕でも非常に明瞭な説明がなされている。

績を収めれば学位を取って職を見つけることができる。その給料で家賃、食費、暖房費、電気代を払うことができる。その収入で生活の安定だけでなく、一消費者として膨大《ぼうだい》な量の商品や洋服、資産やサービスを買うことができる。それらの品々は自分の社会的地位を示す役にも立つ。こうして共同体の一員としての立場は保証される。

金への依存は、（衣食住を地域の知恵を持ち寄ることで賄《まかな》うという土地に根差した社会とは反対に）必要なモノはほぼすべて買って揃《そろ》える極めて自立性に乏しい社会を作った。この傾向は現代社会において非常に強くなっている。私は講演会でよく学校を訪れるが、中学生や高校生に「大きくなったら何をしたい」と尋ねると、真面目《まじめ》な顔で「お金を稼《かせ》ぎたい」と返ってくるようになった。

どのような職に就《つ》き、収入を得るかについては、今日では個人の選択だと一応はみなされている。なぜ「一応」なのかというと、三〇人の生徒がいるクラスの中で、労働という束縛《そくばく》と、個人の願望・才能とを両立させて選択できる人は、実際にはほんの一握りしかいないからだ。その一握りの生徒たちは、金の話は二の次にして自分の好きな仕事に就くだろう。しかし大半の生徒は職と収入を秤《はかり》にかけ、打算によって決定する。（生活のためには）働かねばならないけれども、職の数は限られている。ならば夢や望みを捨てることになっても、なるべく給料のいい仕事を早いところ見つけよう、と。その中の何人かは適応する術《すべ》を見つけ、才能の一部を仕事に役立て、義務としての労働とそれ以外の時間との均衡《きんこう》を取りながら何とか「キャリア」と呼べるものを築いていくことだろう。

さらにはそうした選択の仕方を正当化し、その仕事を「好きに」なるかもしれない。しかしそれ以外の人たち（往々にして社会的立場が弱く、金銭的に余裕のない家庭の出自であるがために文化や見聞、出会いの機会に恵まれず、職業の選択の幅も限られている人たち）はいわゆる「苦役《くえき》」に従事することになるだろう。労働はある種の監獄となり、月末の貴重な（しかし多くの場合わずかな）給料を得るために強いられる義務であり続けるだろう。この欲求不満で嫌気《いやけ》がさす状況（給料と引き換えに願望や知性、時間を売らなければならない状況）の埋め合わせに、人はできる限り消費社会が提供する娯楽に興《きょう》じる。ショッピング、ゲーム、スポーツ、アミューズメント、インターネット、テレビ、旅行…。働いているときも消費しているときも、成長と利益のための機械を動かすことで、時に無自覚に、グローバル経済の仕組みの一端を担うこととなる。ところがその機械が生む利益を享受《きょうじゅ》するのはごく少数の人間だけである。I 残った人たちのうち少数は反逆を決意し、自分たちを抑圧《よくあつ》する体制からの略奪を試みる。麻薬の

I 二〇一三年、世界人口の一〇％にも満たない人々が世界の資産の八三％を所有している（www.inegalites.fr）。二〇一七年には、八人の人間が世界で最も貧しい三六億人と同等の金と資産を保有しているという悲しい記録が発表された。フランスでは上位二〇％の富裕層が所得の四三％を占めるのに対し、下位五〇％が所有する資産は八％にすぎない。象徴的な例を挙げよう。化粧品会社ロレアルのオーナーであるリリアンヌ・ベタンクールは二〇一七年初頭の時点で——彼女はその後亡くなった——三一二億ユーロ（約三兆八〇〇〇億円）以上の資産を保有していた。これは最低時給に換算すると一七七万年分の労働に相当する（www.lemonde.fr）。

売人や泥棒、強盗やハッカー…しかし手段がどうであれその目的は最大限の金を集めることにあるから、彼らは彼らで消費社会に加担することとなる。大麻やコカインの密売で得られた金は多くの場合、車やスクーター、ｉＰｈｏｎｅ、薄型テレビの購入に充《あ》てられる。ある量販店グループの元経営者はこう話している。「郊外の個人店舗《てんぽ》では高級商品の三分の二が現金で購入されている。グループ店のうち一番売上を上げるのは概《がい》してそういう郊外の店舗だ」[2]。市場経済と資本主義は揺《ゆ》るがない…

　先に見てきたように、人々が収入を確保したなら、今度はそれを使わせなければならない。それも成長にブレーキがかからぬよう、繰り返し繰り返し。電球、ストッキング、冷蔵庫の製造メーカーが早々に気づいたように、顧客《こきゃく》が何年も買い替えないで済む頑丈《がんじょう》な商品を売っていたら市場は飽和《ほうわ》してしまう。ひと通り消費者に行き渡った時点で売上は停滞し、やがて急落するだろう。そうなればまた新しい市場を開拓するか、設備投資をやり直さねばならなくなる。そこで、消費を支えるためにあらかじめ寿命の決まった製品を作る計画的な廃品化や、商品をすぐに時代遅れのものにすることで買い替えを促す心理的な陳腐《ちんぷ》化などの販売戦略が世界中で展開されることとなった。こうして私たちは、広告や流行、尽きることのない最先端への欲求に突《つ》き動かされ、買って、買って、買い続ける。満足な暮らしを送るのに必要な分を、はるかに通り越して。テレビはお持ちですか？　こちらはさらに大画面で薄型、高画質となっており、映画の細かなニュアンスも映すことができますよ（映画は観ないかもしれませんが）。インターネットにも接続できるので、どれも見逃せない豊富なプログラムをお楽しみいただけます（観る時間はないと思いますが）。こちらの「ホームシアター」スピーカーと組み合わせれば（とんでもない値段ですが）、まるで映画館を独《ひと》り占《じ》めしているような気分を味わえますよ…。ですからその古い車（そもそも購入から三、四年で価値が半減している）もジーンズもオーブンも捨ててしまいましょう。CDも捨てて、ワイヤレスで超高音質小型スピーカーの付いたこちらのオールインワンオーディオシステムをお求めになりませんか？よくよくご検討のうえ、今注目を集めているこちらのレコードプレーヤーをお買い上げになってはいかがでしょう？　オリジナル音源の熱いアナログ音をもう一度お楽しみいただけますよ。レコードなんてもう捨ててしまったですって？　ご安心を、復刻盤《ふっこくばん》が出ています。値上がりして、少し重くなっていますが。同じ値段で曲をサーバーにダウンロードすることもできますよ（そのサーバーは毎日あなたの家全体よりも多くのエネルギーを消費していますが）…というわけである。この悪循環を維持しようとするならばおそらく仕事を増やし、借金を背負い、大切な人と過ごす時間を減らさなければならないだろう。それも大したことではない。土曜日になればショップの立ち並ぶ街や家の近くのショッピングセンターに出かけ、好きなだけ小物や家具、普段着を買い込むことができる。買い物袋を両手に抱え、トランク一杯の荷物と軽くなった財布を持って帰ってくる。つらい仕事はまだ始まらない。だがそれもまた些細《ささい》なこと。生活上、これから直面する一番の課題は住居をどうするかだ。何度も聞かされてきた話だとは思うが、毎月お金をどぶに捨てるのは賢い選択とはとてもいえない。賢明《けんめい》な資産管理者の取る行動ではない。ならば一軒家かマンションを購入しよう。そのためにはこれから先一五年、二〇年、二五年と借金を背負う覚悟が必要だ。そのあいだは、たとえ嫌《いや》な仕事であっても続けるしかない。家の借金を返さなければならない。もちろん途中で家を売って一からやり直すこともできる。だが実際にはそういったケースは多くない。ローンは私たちを解放するどころか、押さえつけ、がんじがらめにすることのほうが多い。

改めてざっとではあるが、ここに現状を描いた。見えてきたのは、もし生きるために金が必要でなく、また二〇年間も借金を背負う必要がなかったとしたら、ほとんどの人が今とは違う仕事をするということだ。一部の人はただ単に働くのをやめるだろう。少なくとも現在のような形では。

第二の構造——娯楽の時間

だが現代の西洋人が最も時間を費やすのは仕事にではない。今しがた述べたように、フランス人は平均して一日八時間スクリーンを見て過ごす（テレビを見るのに四時間、何らかの端末でインターネットを使用するのに四時間。仕事の時間は含まない）。アメリカ人は一〇時間だ。ここ数十年のあいだ、主にテレビにしか関係のなかった「画面を見る」という習慣は、無数の手段とともに急速に広まった。映画や動画を観る、ゲームをする、記事を読む、ソーシャルネットワーク、チャットにポルノ…オンラインであろうがオフラインであろうが、持ち運びできる様々な端末を用いることで、いつでもどこでも閲覧《えつらん》が可能になった。まだ非常に若いうちから、その習慣が身についてしまう。それがあまりに顕著《けんちょ》なため、医者は早くから、子どもを仮想現実《バーチャル・リアリティー》にさらすことは子どもの感覚運動機能の発達を妨《さまた》げ、行動に変化を与え、注意力に重大な欠陥《けっかん》を引き起こす危険があると警鐘《けいしょう》を鳴らしてきた。[3] しかしそれはすでに現実に起こっている。planetoscope.com〔環境問題に関するフランスの統計情報ウェブサイト〕によれば、一三歳の少年が画面を見て過ごす時間は一日に平均して六・七一時間で、これは一年のうち一〇二日以上、人生のおよそ二八％の時間にのぼる。バックライトで照らされた薄いガラス板を食い入るように見つめて過ごす。こうした時間が増え

---

1 これについては様々な調査が行われてきた。リサーチ会社のＧｆＫが二〇一三年に行った調査では、質問を受けたフランス人の四二・七％が現在の仕事を「気に入ってはいるがそれ以上のものではない」と回答した（www.bfmtv.com）。二〇一六年にフランス民主労働総同盟（ＣＦＤＴ）が「仕事の話をしよう」と題して行った調査では、有志の二〇万人から回答を得た。大人数を対象とした調査であるため偏りはある。調査の責任者たちも、この加重値《かじゅうち》を加えた調査対象集団は「フランスの被雇用者全体を代表するものではない」と認めている。「ただ、この集団が基本的な社会人口動態変数に関して適切な構成になっていることは保証する」とも述べている。この調査では七七％が「今の仕事を気に入っている」と答えたが、このうち「宝くじが当たっても働き続ける」（同じ仕事を続けるかは不明）と回答したのは三九％だった。二五％が「昔から憧《あこが》れていた仕事」に就《つ》いており、八四％が「何よりもまずは生活のため」に働いていると答えた（analyse.parlonstravail.fr/）。

たのは偶然ではない。何よりも、その小窓が私たちに開いた世界は純粋に驚くべきものであったのだから。地球の反対側にいる相手とリアルタイムでコミュニケーションを取り、一緒に何かを作ることができ、気になればどんな些細《ささい》なことでも調べられ、旅行に行った気分を味わい、知らなかった文化を発見し、ソーシャルネットワークを見れば友人が何をしているか（というより何を投稿したか）もわかり、正義をめぐって運動を組織することもできる。同時に、私たちの抑え難い誘惑や刺激、気晴らしや退屈しのぎの要求に応えることも。デジタルツールそれ自体には否定できない価値がある。ネットフリックス〔世界的な動画配信サービス〕やアップルストア、映画や動画の配信サービス、数百に及ぶテレビのチャンネル、ユーチューブ、ゲーム機、ソーシャルネットワーク…私たちのとどまるところを知らない欲求を満たしてくれるこれらのツールは、今では「物語」を伝える最も優れた媒体《ばいたい》となっている。映画やドラマ、ゲームを通して伝えられる幾千もの「物語」に、私たちは時間や場所を選ばずに触《ふ》れることができる。インスタグラムやフェイスブックは私たちに「ストーリー」を投稿し共有するよう促してくる。

しかし、経済成長を不可欠とする資本主義、消費主義社会にあってはこの空間も貪欲《どんよく》な大企業の餌食《えじき》となり、消費者の好奇心は企業の利益へと誘導されていく。結果、私たちの関心そのものが、利益をもたらす重要な資源とみなされるようになった。シリコンバレーの優秀なエンジニアたちは、脳のメカニズムの研究を応用したアプリケーションの開発にいそしんでいる。私たちの関心を引きつけ、快楽をもたらす脳の報酬《ほうしゅう》系回路を活性化させ、神経を高揚《こうよう》させるためのものである。元グーグル社員のトリスタン・ハリスはこれを「関心の経済《アテンション・エコノミー》」と呼ぶ。そこで争点となるのは、関心を引きつけ、離さないことである。今この瞬間にもスマートフォンやタブレット、パソコンの画面の片隅に受信の通知（ショートメッセージ、メール、リツイート、いいね!、スナップ）が表示され、通知音が鳴るかもしれない。その途端ドーパミンが分泌《ぶんぴつ》され、私たちは否応なしにこのコンテンツと交流し、娯楽の海に引きずり込まれていく。気づかないうちに、私たちの注意は散漫になっていく。しまいには三分三〇秒に一度、行動を中断して受信がないか確認するようになる。この確認が、平均して二〇分の無意味なページの閲覧《えつらん》に変わる。[4] ところで一度集中が切れてしまうと、再び集中するには平均して二三分かかる。一〇年も経たないうちに平均的な集中力の持続時間は一二秒から八秒へと縮《ちぢ》んだ。習慣化の結果であろうか、ガーディアン紙に掲載された研究によれば、たとえ電源が切れていてもスマートフォンがそこにあるだけで持ち主の集中は乱される。[5]

なぜそこまで強く引きつけられるのか。トリスタン・ハリスは、[6] スマートフォンの仕組みはスロットマシーンにそっくりだという。「メールやフェイスブック、お気に入りのメディアのニュースをチェックするたびに、スロットマシーンのレバーを引くのと同じことが起きている。何が出るかが楽しみでしょうがないんだ」。あまりにも強力な仕組みであるため、ハリス自身どうすることもできない。「僕はエンジニアとして、またデザイナーとしてこの仕組みや心理作用を熟知しているが、それでもこの誘惑に勝つことはできない」。それは彼だけに限ったことではない。アメリカではスロットマシーンの収益が、遊園地、映画、野球の収益の合計を上回るという。

当たりが出たかを見るだけではない。たくさんの「いいね！」をもらうことで、いとも簡単に承認欲求を満たすことができる。ページを再読み込みするだけでいい。注目を集めそうな投稿、画像、ジョークを探すだけでいい。もしそれで満たせないなら、もう一度やればいい。憤《いきどお》りを共有し、おしゃれなバーのブランチで注文したフィレンツェ風半熟たまごや子猫、海の向こうに沈む幻想《げんそう》的な夕日の写真を撮り、うつ病の男性を救う犬の動画を投稿すればいい。ほらまたもう一度。できる限り多くの人に認められるよう、自ら作成し公開したインターネット上のワタシ――新しいフィクション――の価値を高める方法を模索《もさく》する。フェイスブックよりもスナップチャット〔スマートフォン向けの写真・動画共有アプリケーション〕を多用する若い世代にとって、ソーシャルネットワークは議論の場、さらには第二の社会生活の場となっている。使わなければ仲間外《はず》れにされ苦しむことになる。授業が終わった途端に始まる他愛もないやり取りや悪口、オンラインのハプニングに混ざりたくて、スマートフォンを親にせがむ（親も初めは一〇歳の子どもに電話を持たせることに反対している）。そんな子どもを何人見てきただろう。アプリケーションの中毒性は非常に強く（フェイスブックの「いいね！」ボタンやグーグルのGチャットをデザインしたジャスティン・ローゼンスタインは、その中毒性をヘロインに譬《たと》えている）、一定期間接続できない状況――海外旅行など――に置かれた多くの子どもたちは、自分の代わりに投稿を続けるよう、そしてネットワーク上の友情の証《あか》しである炎〔スナップチャットの機能。継続して写真や動画を交換し続けることで炎マークが付く〕を消さないよう、友人に頼《たの》んでいる。インスタグラムも同様だ。イギリスに住んでいる私の友人の娘が、フランスに来るときは友達に頼んで自分の代わりに「ストーリー」を投稿してもらっていると教えてくれた。

これらのことは、電話の頻繁《ひんぱん》な確認行為が現実とのあいだに溝《みぞ》を生む事態にならなければ、そこまで問題にはならなかっただろう。トリスタン・ハリスがロプス誌〔時事問題を扱うフランスの週刊誌〕のインタビューに答えて言うように、「問題は私たちの電話が、現実よりも見栄えが良く、より充実した新しい選択肢《し》を提示していること」[7]にある。スーパーのレジ待ち行列？　空港での時間つぶし？　食卓での退屈な会話？　フィクションがいっぱいに詰まった小さな窓を開いて、今何が起きているか見てみたら？　「電話は現実と競い合う立場となり、勝利しました。ある種のドラッグのようなもので、テレビにも似ていますが、常に手元に置いておくことができ、誘惑はさらに強い」。ハリスは続ける。「時が経つにつれ、私たちの現実に対する辛抱《しんぼう》はどんどんなくなっていくでしょう。つまらなくて、居心地が良くない場合はなおさらです。現実はいつも思い通りに行くわけではないので、スクリーンのほうにまた戻るという悪循環になります。さらに没入《ぼつにゅう》型の仮想現実《バーチャル・リアリティー》（ＶＲ）は、現実よりもさらに現実味を帯びる危険があります。理想の相手とセックスしたり、虹《にじ》を集めに行ったりすることができるようになれば、誰が現実に残りたいと思うでしょうか。未来の話をしているわけではありません。フェイスブックはすでにオキュラスリフトを発売しています」。

アメリカの心理学博士ジーン・Ｍ・トウェンギもアトⅠランティック誌〔政治経済・国際情勢・文化・芸術などを扱うアメリカの月刊誌〕に発表した研究の中で、スマートフォンがアメリカの若者に与える影響について同様のことを指摘している。[8]「生きている人よりも電話のほうを大切にしていると思う」と話すのは一三歳の女の子だ。一一歳のときからｉＰｈｏｎｅを使っている彼女の日常は、まさにその発言を裏づけている。友人との外出はほとんどなく、主に学校か自分の部屋で、スナップチャットを使った交流を何時間も続けるというのだ。二〇一二年（アメリカ人のスマートフォン所持率が五〇％を超えた年）、トウェンギは若者の行動や感情に急激な変化が生じたのを認めた。最初は間違いかと思ったが、この傾向は翌年以降も続いた。二五年にわたる世代間ギャップの研究の中でも「こんなことは初めて」と博士は言う。研究が進めば進むほど、この新しい世代（後にトウェンギがｉＧｅｎ《アイジェン》と名づける、一九九五年から二〇一二年のあいだに生まれた世代）は、スマートフォンおよびソーシャルネットワークの登場と同時期に成長した世代として考えられるようになってきたという。博士によれば、この若者たちは自動車事故に遭《あ》う可能性が少なく、酒もあまり飲まず、性体験の年齢も上がってきており、ここ数十年で最大のメンタルヘルスの危機にさらされている世代でもある。友人との外出は減り、恋愛の機会の減少Ⅱに伴いセックスの機会も減った。Ⅲ自立したいという意識は低下し（車の免許の取得率は下がり、小遣《こづか》い稼《かせ》ぎに働くこともほとんどなくなった）、親元を離れたいともあまり思わず（社会生活の一部が電話で成り立つために必要性や欲求を感じない）、宿題をする時間は減少し、家族との会話も減った。誰かと過ごす時間に代わってスマートフォンを見ながら独《ひと》りで過ごす時間が増え、出会いや遊びのための場所はバーチャル空間へと移行した。それで幸せならよかったのだが、アメリカ国立薬物乱用研究所が出資するモニタリング・ザ・フューチャーという調査では、正反対の結果が出ている。これは一九七五年から毎年高校三年生を対象に（一九九一年からは一年生と二年生も含めて）行われてきた生活の様々な側面と幸福度についての調査だが、結果は非常にはっきりとしたものだった。画面に向かう時間が平均より長い生徒は、画面を見ない時間が長い生徒に比べ、例外なく幸福度が低い。それだけではない。画面の前で過ごす時間が長くなればなるほど、実際にうつ状態に陥《おちい》りやすくなる。[Ⅳ] トウェンギによれば、テクノロジーをあいだに挟んだ人との交流や、現実の人間関係を休みなく画面に投稿すること、あるいは「いいね！」による他人の承認を気にすることは、人に誘われなかったときの疎外《そがい》感を増長させ、「私はこうあるべき」

Ⅰ世界で最初の仮想現実《バーチャル・リアリティー》（ＶＲ）ヘッドセットの一つ。

Ⅱ社会学者によると、二〇一五年に異性と「遊びに」出かけた高校生の割合は、一九六一年から八一年のあいだ、または一九六六年から七六年のあいだに生まれたジェネレーションXが八五％であったのに対し、たったの五六％であった。

Ⅲ高校一年生の性体験率は四〇％低下し、初体験の時期はジェネレーションXと比べ、平均して一年遅くなっている。

Ⅳソーシャルネットワークの使用頻度《ひんど》が高い高校一年生はうつになる可能性が二七％も増加する。全体で見ると、二〇一二年から二〇一五年のあいだでうつの症状を呈する男子生徒は二一％増え、女子生徒は五〇％増加した。

「私はこうしてはならない」といった圧力を強めてしまう。こうした傾向の強まりによって、二〇一〇年から二〇一五年のあいだに、疎外感を感じている高校一年の女生徒は四八%増加、男子生徒は二七%増加した。電話と一緒に眠る若者も年々増加している。通知の振動や音で目を覚まし、眠りに就《つ》く前にソーシャルネットワークをチェックし、寝ぼけ眼《まなこ》でスマートフォンを手に取る。まるでぬいぐるみか、自分の体の延長であるかのようにスマートフォンを扱う。スクリーンの使用により睡眠時間は著しく減少した。睡眠不足は日常生活において様々な弊害《へいがい》をきたす。以上はアメリカの若者の話だが、フランスの若者がスマートフォンを見て過ごす時間も、海の向こうの若者のそれに追いつこうとしている。じきに同じ事態に直面することとなるだろう。

　この研究は親心に不安を生じさせる以上に、ある事実を明るみに出してくれる。それはスクリーンの世界が私たちを楽しませ、私たちの関心を引き続けることで、フェイスブックやグーグルに何十億ドルもの広告収入が流れ込むだけでなく、現実と私たちとの関係においてもこれまでにない選択肢がもたらされるということだ。シンプルでカラフルな楽しい画面を通すことで、本来複雑である現実との接点が時にぼかされてしまう。これは哲学者でありバイクの修理工でもあるアメリカのマシュー・クロフォードが、『頭脳の向こうにある世界〔未訳。仏語訳版のタイトルは『接触』〕』というエッセーで追究していることである。「現実はその代理であるスクリーンを通して扱われる。スクリーンは世界を害のないものに変えることで繊細《せんさい》な自我《じが》を保護し、どこぞの設計者により作られた心理的に調整済みの『選択の構造』に従うよう仕向ける」[9]。「どこぞの設計者」とは、例えばシリコンバレーのエンジニアや広告業者、巨大メディアのプログラムディレクターなどのことである。そのようにして現実世界やそこで生じる制約から離れ、他律《ヘテロノミー》[II]が招く困難に目をつぶろうとすれば、私たちの成長や幸福に結びつく大切な能力を身につけることはできない。孤立が深まり、傷つきやすく、影響を受けやすくなり、あらかじめ成型され嚙《か》み砕《くだ》かれた考えを受け取ることしかできなくなってしまう。そうして私たちの選択は誘導されていく。それだけではない。困難をアプリケーションで解決することは、いかなる社会的関係や社会的制約とも無縁《むえん》な、ある種究極の個人主義という妄想《もうそう》を助長することにもつながる。都会に住み、ｉＰａｄの壁紙くらいでしか自然との接点がないそうした人々にとって、気候変動や種《しゅ》の消滅といった問題は、ぼんやりとした抽象《ちゅうしょう》的な問題以上の関心を生まないだろう。たしかに、地方であれ、国であれ、ヨーロッパ全体であれ、民主主義が正しく機能するよう力を尽くそうとしても、自分とは異なる意見を持つ大勢の人たちとのあいだに生じうる直接的な対立や終わりのない議論のことを思えば、たちまち気持ちが挫《くじ》けてしまう。それよりも画面の中

Ⅰ睡眠不足を訴えるアメリカの若者は一九九一年と比べ五七％増加した。

Ⅱ他律《ヘテロノミー》とは、周囲から規定された規則、その場所の「法」に従って生きることを指す。自らの規範《きはん》に従って周囲と交流し生きることを指す自律《オートノミー》の対義語（ウィキペディアより）。

にあふれる情報に身を任せていたほうが居心地がいい。政治関連の記事に「いいね！」や怒った顔文字を付けてオンラインの仲間と共有し、アラブの春*で起きたようなフェイスブックから広まる革命を一緒に空想していたほうがはるかに楽なのだから…。そう、なぜ楽かといえば、アルゴリズム〔ある問題の解答を引き寄せる特定の演算方法〕は私たちのクリックと決断を誘導するだけでなく、私たちを同じ意見の人としか出会わせない同類の泡《フィルターバブル》に隔離《かくり》するからである。フェイクニュースが広まる原因として知られるようになったこの同類の泡《フィルターバブル》は、二〇一六年のアメリカ大統領選においても、「エージェント・オレンジ」**とその支持者をトランプ不支持層から隔離することで、トランプ現象***の拡大に一役買ったとされている。この断絶をとくに不安視するのは、ハーバード大学法学教授で立憲主義者としても名高い、ウェブ考察の第一人者ローレンス・レッシグだ。「インターネットがここまで根本的に社会の性質や情報の入手方法を変え、またその消化の仕方を変えることになるとは誰も予想していませんでした。インターネットの登場は、［テレビなどの］情報共有を旨《むね》とする共通のプラットフォームから、ますます断片化が進んでいくばらばらのプラットフォームへの移行を引き起こしました。フェイスブックのようなプラットフォームでは、アルゴリズムによる情報供給によって、各個人が自分だけの情報の泡《あわ》に閉じこもる現象をいっそう増大させています。しかしそのような世界では、人々の共通利益に叶《かな》う政治活動を目指すことすら、ほとんど不可能といえるでしょう。同じ枠組《わくぐ》み、共通の事実認識のもとで一つの政治問題を議論する場をどうやったら作り出せるか、まったくわからないからです」[10]。ウェブによって可能となった人々の行動の誘導と強大な資金力との結びつきが民主主義を侵食していく。このまま行けばこれまで見たこともないような全体主義に行き着くだろう——そのように指摘している科学者や著作家も多い。バイオテクノロジーやアルゴリズム、人工知能やデータ（サイトを見たり、電話やメール、ショートメッセージを使用したりするたびに収集される個人に関するすべての情報）を掌握《しょうあく》するほんの一部の人間（すでに私たちの思考回路を理解し、それに影響を与える術《すべ》を持っている人間）が、人類史上類を見ないほどの、強大かつ不平等な新しい封建《ほうけん》体制を敷くかもしれない。機械が何百万人もの人間に取って代わり、何年か後には大量の「無用者階級」〔『ホモ・デウス』に登場する用語〕を生み出してしまうかもしれない。この桁外《けたはず》れな力を有する少数のI（九一頁）人間は富を蓄積するに飽《あ》き足らず、人間の体や脳、精神を作り変え、これまでにない強大な仮想世界を築くかもしれない。これだけでも十分に恐ろしい未来であるのに、受動性とデジタル依存に慣らされた私たちはこれに対抗しようとしない。このままでは、例の「選択の設計者」が作る支配を

＊二〇一〇年末に中東・北アフリカ地域で発生した民主化運動。チュニジアの革命を皮切りに各国へと広まった。ソーシャルネットワークを活用した革命として知られている。チュニジアとエジプトでは独裁政権が崩壊、リビアでは内戦のすえに政権交代が起こった。

＊＊トランプに付けられたあだ名の一つで、米軍がベトナム戦争で使用した猛毒性化学兵器の枯葉剤《かれはざい》（エージェント・オレンジ）に由来。

＊＊＊二〇一六年の大統領選で、差別発言を含む過激な発言により大衆の支持を集めた現象を指す。

受け入れてしまうだろう。対抗する唯一《ゆいいつ》の手段は民主主義である。この民主主義が、私たちをもう一つの重要な構造へと案内してくれる。

第三の構造——法律

民主主義的な投票、宗教の伝統、全体主義体制…何に由来するにせよ、法律——そして憲法や、法律を規定する聖典——もまた、私たちの振る舞いや社会の機構、人々の交流の仕方を方向づける。ここでもまたフィクションが並外れた影響力を持っており、ときには法をめぐり異なる民族同士が互いに衝突し合うこともある。ある特定の国や社会では、宗教的権威によって定められた神聖とされる法律が、女性の地位や動物の運命、性の意識、健康、食、社会的態度を規定している。政教分離の原則を取ることの多い現在の西洋社会では、イスラム法の最も厳格な法学派、とくにワッハーブ派の定める法律と、啓蒙《けいもう》時代より受け継がれる人権思想および民主主義に基づく法律とのあいだで衝突が激しい。宗教が織《お》りなすフィクションとそこから生じる問題をめぐっては非常に面白い考察が可能であろうが、私の手には余る問題である。なのでここでは、私たちの民主主義が作り出すフィクションについて、今一度立ち止まって考えてみるほうが適切であるし、また私の身の丈《たけ》に合っているように思う。私たちは本当に民主主義の中で生きているのだろうか？

「民主主義《デモクラシー》」という言葉は、ギリシャ語で民衆を意味するdêmosと、力を意味するkratosという二つの単語からなっている。辞書の『プチ・ロベール』では、民主主義とは「主権（最高権力）が市民全体に帰属するものと定めた政治原則」と定義されている。

フランスにおける民主主義の起源は、その原則を定めた一七八九年のフランス革命にさかのぼる。政府の運営するウェブサイト「ヴィ・ピュブリック」（公の生活）〔市民に向けて政治に関する様々な情報を発信するウェブサイト〕には、革命当時、代表制民主主義の支持者と直接民主主義の支持者とのあいだで対立があったと書かれている。勝利したのは前者だ。その中に革命の立役者の一人でもあるシエイエス神父がいた。彼は一七八九年九月七日の議会で次のように述べている。「代表となる市民は自ら法を作らず、また作ろうとしてはならない。自らの意志を人に強制することもしてはならない。彼らが意志を強いるのであれば、フランスは代表制国家ではなく民主制国家となってしまうだろう。繰り返し言うが、民主制でない国において（フランスは決して民主制国家にはならないだろう）、民はその代表を通して

I（八九頁）現代では巨大IT企業の経営陣がこれに当たる。アメリカのGAFAM（グーグル、アップル、フェイスブック、アマゾン、マイクロソフト）、中国のBATX（バイドゥ、アリババ、テンセント、シャオミ）、そしてアメリカのシリコンバレーを拠点《きょてん》とするNATU（ネットフリックス、エアビーアンドビー、テスラ、ウーバー）。

I州によっては進化論を教科書に載《の》せることを禁じ、「天と地」は七〇〇〇年前に神によって創造されたと教えている点で、アメリカは政治と宗教を混合した異なる社会を形成しているといえる。

のみ発言し、行動することができる[11]」。

敗北した直接民主主義の支持者の中にはジャン＝ジャック・ルソー〔一八世紀フランスの啓蒙思想家・作家。近代思想に多大な影響を与えた。主著『社会契約論』『エミール』〕という人がいた。彼はイギリスの議会制について次のように書いている。「イギリスの人民はみずからを自由だと考えているが、それは大きな思い違いである。自由なのは、議会の議員を選挙するあいだだけであり、議員の選挙が終われば人民はもはや奴隷であり、無にひとしいものになる[12]」。

ルソーとシエイエスは誇張《こちょう》しているのではないか。ひとたび代表が選出されてしまえば、選挙と選挙のあいだに民衆は何の力も持たないのか――そういう疑問も出るだろう。少し詳しくフランス第五共和政〔一九五八年の新憲法制定により発足〕の仕組みを見てみよう。

私たちフランス人は五年ごとに、直接普通選挙によって大統領と国民議会〔下院に当たる〕議員を選出する。六年ごとに市長を、さらにそれぞれの任期ごとに県議会議員と地域圏議会議員を選出する。

では任期中に次のような事態が起きた場合、市民には何ができるのか。

A　議員が民意を尊重《そんちょう》しなかったとき

B　議員が民衆の決定を覆《くつがえ》したとき（二〇〇五年に行われた欧州憲法条約の批准《ひじゅん》に関する国民投票の結果を議員が覆したように〔後述〕）

C　議員が程度の重くない何らかの罪を犯したとき

大統領の罷免《ひめん》には、元老院《げんろういん》〔上院に当たる〕と国民議会の両院による手続きが必要である。[I] 大統領と与党が往々にして近い関係にあることを考えると（国民議会議員と共和国大統領が同時期に、同任期で選出されるようになった五年任期制の導入〔二〇〇〇年に国民投票により制定、二〇〇二年より施行〕以降はとくに、解散の場合を除き政権交代や保革共存《コアビタシオン》〔異なる党に所属する大統領と首相が共存している状態〕は起こりえなくなった）、たとえ大統領がある程度の罪を犯したとしても、罷免が実現することはまずないだろう。よって行政府に対する市民の力は立法府を介して行使されることとなる。

難点は、立法府に属する国会議員に対しても市民は力を持たないことだ。市民には元老院〔上院〕議員を直接選出することも〔上院議員は間接選挙で選ばれる〕、国民議会〔下院〕議員を罷免することもできない。「ヴィ・ピュブリック」にははっきりとした説明が記載されている。「国会議員は投票者による命令委任の束縛《そくばく》を受けない。そのため、たとえ当選者が選挙での公約を守らなかったとしても、投票者がその任期を縮《ちぢ》めることはできない。この規定により国会議員は、とくに公共の利益を追求するにあたって、意見の自由を保証される」。

立法府に対して力を持っているのは、なんと行政府である。大統領は国民議会を解散し、新たに選挙を行う権利を持っている。

I 二〇〇七年の憲法改正により、高等法院での両院会議が必要となった。

この二つの権力は司法権力によって統制を受ける（免責特権のある行政府は全面的にではないが）。しかし、他の権力の公正な働きを監督する司法府の裁判官については（アメリカのように）市民が任命するのかといえば、そうではない。裁判官を任命するのは司法相である。では市民が司法相を選ぶのかというと、それも違う。司法相を任命するのは首相であり、首相を任命するのは共和国大統領である。

とすると、選挙と選挙のあいだにA、B、Cいずれかの事態が発生して解決が見込まれない場合、主権を有する私たち市民にはどんな力が残されているのか。一九五八年に制定された新憲法には、「国家の主権は国民にあり、国民はその代表を通し、また国民投票を通じてその権力を行使する」と明記されている。なるほど、私たちには選挙以外に国民投票という道が残されている。市民が直接法律作成に携《たずさ》わることのできる唯一の方法だ（制度として可能ではあるが実現は稀《まれ》で、第五共和政のもとではこれまで三度しか実施されていない）。ただし問題は、国民投票実施の決定権を握るのは議員であるということだ。通常は共和国大統領が実施を決定する。

もう一つの問題は、議員が国民投票を回避できることだ。二〇〇五年に行われた欧州憲法条約の批准をめぐる国民投票では、五五％のフランス人が反対票を投じた。四年後、同じ内容の別の条約〔二〇〇九年に発効したリスボン条約を指す〕が、新たに民意を問うことなく国会で批准された。つまりは、国民の力など、あってないようなものなのだ。「投票が終わってしまえば政治家に対して何の影響力も持たない。

これが民主主義なのか?」と思ってしまうのも当然である。大量失業や気候変動、資源の枯渇《こかつ》、加速する種《しゅ》の消滅、飢餓《きが》といった重大な問題に市民の代表者たる議員がまともな対応策を提示しないとしたら? 選挙のたびに政権政治の巨大なメカニズムが働き、何の新しい政策も示さない二つの政党が交互に政権を握るとしたら? 選挙のたびに選択の余地のない投票にため息をつき、この崇《すう》高《こう》な戦い〔フランス革命を指す〕のすえに勝ち取ったはずの市民の投票行為が、急進派の政党に政権を取らせなかった以外に何の成果を挙げられたのかと疑問に思ったとしたら? 市民はほとんど何もできないのである。

結局のところ、政治家が市民の願いを実現すべく力を尽くすのであれば何の問題もない。だが現実はどうだろうか。二〇一二年の大統領選前、当時私が代表を務めていたNGO「コリブリ」とフランス世論研究所が合同で世論調査を行った[13]。調査結果を見る限り、市民の声が政治に反映されているとは言い難い。回答者の九五%が、水、空気、土壌の汚染や健康への被害を防ぐために、肥料や農薬の使用を減らすべきと回答した。そのうちの四一%は完全な有機農業へ移行するべきと回答した。六四%の人が再生可能エネルギーの開発を進め、化石燃料や原子力エネルギーの使用を段階的にやめるべきと回答した。七五%の人が投機的な経済活動を抑制し、実体経済を優先すべきと回

1　二〇〇八年二月四日にヴェルサイユ宮殿で開催された両院合同会議での憲法改正により条約の批准が可能となり、二月八日に国会で批准された。

答した。もちろん、これらは世論調査にすぎない。だがこれら市民の声と、選挙後にフランス政府が取ってきた方針との乖離《かいり》は明白である。それは単に先に述べた政治の麻痺《まひ》の問題だけではなく、ましてフランスだけの問題にとどまるものでもない。

　数年前にアメリカのプリンストン大学で、一九八一年から二〇〇二年にかけて実施されたアメリカの公共政策一八〇〇件の内容について、データ分析に基づく研究が行われた。この研究により、アメリカの公共政策は民衆の意志よりも「経済的なエリートとその利益を守るために組織された団体」の意志のほうをより強く反映している実態が明らかになった。アメリカは実質的にはもはや民主制ではなくある種の寡頭制《かとう》〔少数の権力者による独裁的な政治形態〕国家である、[14] と学者たちは簡潔《かんけつ》に結論づけている。

　もし民主主義が、リンカーンがゲティスバーグ演説〔一八六三年〕で宣言したような「人民の、人民による、人民のための政治」なのだとしたら、現在の私たちはそこからはるか遠いところにいる。それどころか『社会契約論』〔一七六二年〕に次のように書いたルソーのほうが正しいのではないかとさえ思ってしまう。「もしも神々からなる人民であれば、この人民は民主政を選択するだろう。これほどに完璧な政体は人間にはふさわしくない[15]」。

選択の構造

私が「構造」と呼んでいるのは、気づかないうちに私たちの生活を支配し、決断や行動を誘導し、時間とエネルギーを奪い去ってしまう構成要素のことである。なかでも今ここで取り上げた三つの構成要素、すなわち金を稼《かせ》ぐ必要性、情報のアルゴリズム、法律は、とりわけ強力な構造だ。そのうえこれらの構造は相互に補完し合う。つらくて才能が発揮できない仕事であればなおさら無力感や政治への幻滅が増し、スマートフォンやテレビ、タブレットなどのきらびやかで安心できる憩《いこ》いの場へと逃げ込んで「娯楽にふける」時間が多くなる。

しかし、これら三つの構造それ自体が悪いわけではない。

金は社会が取り決めたフィクションから生まれた道具であり、硬貨や紙幣、画面上に並ぶ数字によって現実の富を保証してくれる。

インターネットは人類を結びつける前代未聞《ぜんだいみもん》の驚くべき発明だ。また、ウェブやデジタルツールは環境面での持続可能性と、オンライン・オフラインのバランスが取れた適度な使用法という二つの課題が解決できれば、社会を新しく作り変えるための道具になる。

法律は（それが民主主義的な議論から作られたものならば）私たちの集団生活や自由、安全、相対的平等を保証する規則になる。

しかし、際限なき成長と利益の最大化というフィクションを操《あやつ》る少数の人間、組織によってこれらの構造が支配されてしまえば、自由に生きる私たちの能力や、人間の即物的貪欲《どんよく》さに抵抗する生態系の力は危機にさらされる。

私たちが何もできず、ただ眺《なが》めているのはまさにこの局面である。ときには座談会やドキュメンタリー映画、作品鑑賞や講演会に刺激を受け、無気力状態から脱することもあるだろう。そうすれば数時間、場合によっては数日のあいだ、押し寄せる怒りや熱狂に心を揺《ゆ》さぶられ続けるだろう。だがすぐに日常のリズムやローンの返済期日、何らかの意気消沈させる出来事が、私たちを元の状態へと連れ戻してしまう。この無気力は、私たちが自分の力だけでは太刀打《たちう》ちできない強力なフィクションの中に生きているということの直接的な結果である。今必要とされているのは、「物語」を変え、集団を形成することだ。人間の群れが向かう先を変えることだ。スクリーンの迷路の中で失われ、奪われていく一時間一時間、自分が築きたい世界とは何の関係もない企業の生産性向上のために費やされる一日一日、買い物、料理、移動の一回一回、人と過ごすための一秒一秒、そして私たち一人ひとりの選択、そのどれもが自分の手で変えることのできる機会だ。別の現実を築くために取り戻すことのできる時間だ。一つひとつの選択の積み重ねが私たちの物語を創っていく。私たちはそれを日々の出会いと生活の中で、仕事、食卓、会食、住居、ベッドを共にする人に伝えていく。仕事であれプライベートであれ、私たちの行動に最も影響を与えるものの一つは周囲の視線である。ある行為が周りの社会環境や仕事環境、あるいは社会全体で認められ、高く評価されているほど、人々はその行為を受け入れる傾向がある。個人の物語を変えることはつまり、非常に強力なレジスタンス（抵抗運動）にもなりうるのである。私たち自身が物語を変えることによって他の人々が集まれば、私たちの物語と彼らの物語とを紡《つむ》ぎ合わせる場が生まれる。肉を食べない人が同じ食卓に二人いれば、他の人もそうしやすくなる。スマートフォンを持たない子どもが他にもいて、その選択の意義を分かち合えれば、スマートフォンを持たなくても平気でいられるようになる。そうした形で数多くの個人の物語が集まり、新しい集団の物語を育て、積み上げていけば、その分だけ物語は世に浸透しやすくなる。

まとめてみよう。
ここまで以下のことを一つひとつ確認してきた。

1　この羊の群れにも似た習性を極端な形で描いたのが、二〇一七年のカンヌ国際映画祭で最高賞（パルムドール）を受賞した『ザ・スクエア　思いやりの聖域』〔二〇一七年製作〕のワンシーンだ。ストックホルムの優雅《ゆうが》な晩餐会《ばんさんかい》にて現代アートのパフォーマンスが行われる。猿男《さるおとこ》を演じるアーティストが一人の女性に襲いかかり、持ち上げ、押し倒し、強姦《ごうかん》する素振《そぶ》りを見せるが、招待客は誰も動けない。女性は叫び助けを求めるが誰も動かない。動く「べき」なのかどうか、動いたら周りがどう反応するのかがわからないからだ。ようやく一人の男性が立ち上がり、アーティスト＝猿男に殴《なぐ》りかかる。それに続いて他の男性も五人、一〇人と、先を争い肘《ひじ》で押し合いながらその異様な戦いに参戦する。それまで何分ものあいだ、指一本動かさなかったというのに。そのごたごたでシーンは終わる。彼らの反応、そして無反応もまたパフォーマンスの一部であったのか考えさせられるシーンだ。

――根拠ある科学的データが示すところによれば、私たちは破滅に向かって突《つ》き進んでいる。

――行動のために残された時間は数年しかない。

――何百万人もの人々に働きかけ、市民と政治家が協力して「巨大な資金力」の影響に打ち勝たなければ、物事を本当に変えることはできない。

――何百万人もの人々を呼び集め、協力を生むための原動力となるのはフィクションである。

――新しいフィクションを生み出すためには、私たちを取り巻いている既存の「物語」と私たちの行動を決定づけている既存の「構造」の正体を突き止め、そこから抜け出さなければならない。


こうしてみると、戦略の端緒《たんしょ》はおのずと見えてきたように思う。少なくとも、将来の被害を最小限に抑え、社会を生まれ変わらせるために、行動する余地はまだあると信じる人たちの目には。I

では、どのように行動していくかをこれから見ていこう。

I 崩壊論の支持者に対しても、この「まとめ」の内容は次のように置き換えることができる。根拠ある科学的データが示すところでは、私たちは破滅に向かって突き進んでいる。もはや避けることはできず、私たちは崩壊後の世界に向けて備えなければならない。復元力《レジリエンス》を高める準備をすでに始めている人たちや、災害の後も生き延《の》びていく人たちに、その苦悩を静め、エネルギーを与える最良の方法とは何か。それは破滅後の世界を悲惨な世界としてだけでなく、人間が自らの過《あやま》ちから学び、新たな生き方を探す世界としても想像できるための、協力に基づいたフィクションの創出である。

5 新しいフィクションを創る

すべては「物語」から生まれる。

私たちは何よりもまず文化の戦いを起こさなければならない（争いに関する言葉は使いたくないのではあるが）。そのためには、こうありたいと思わせる未来のエコロジーの姿を示し、しっかりとした文化の基準を打ち立て、力強い想像を投げかけ、政治や経済のみならず、都市計画、建築、農業、エネルギー分野なども含めた具体的な計画を立てることが不可欠だ。

どんな家に住めるのか、どんな街で成長していくのか、どうやって移動するのか、どうやって食料を生産するのか、どのように共に生活し、どのように集団としての決定を下し、どのようにすればすべての生き物と一緒にこの地球で暮らしていけるのか、私たちは想像し、夢見る必要がある。それら新しい物語は少しずつ社会通念を変容させ、意識を良い方向に導いていく。広く社会に浸透すればそれが「構造」にも表れ、企業、法律、景色は変わっていくだろう。

当然ながらアーティストはその物語を創ることができる。他のアーティストと同じように、私たちも『ＴＯＭＯＲＲＯＷ　パーマネントライフを探して』の撮影でそれを試みた。創造された物語はまた別の小説や映画、ドキュメンタリー、漫画、エッセー、絵画、デッサン、その他様々な視覚芸術によって受け継がれ、育てられていく価値がある。だが物語を生み出せるのはアーティストだけではない。新しい事業方針を打ち出す事業家、新たな機能を生み出すエンジニア、新しいモデルを考え出す経済学者、自治体の運営方法を刷新《さっしん》する議員、枠《わく》に嵌《は》まらない何かを成し遂げるために結成された集団、それらを報道するジャーナリスト、生活の仕方を変える個々の人々（菜食主義者《ベジタリアン》になる、車を使うのをやめる、ポジティブエネルギー住宅〔生活で使用するよりも多くのエネルギーを生産する住宅〕に住む、仕事を変える、ごみゼロ運動を始めるなど）、それぞれが自分なりのやり方で、説得しようとも啓蒙《けいもう》しようともせず、周りの人にひらめきを与える物語を創っていく。選ぶことは充実そのものだ。何かを生み出すことはものすごくわくわくする。周りに合わせるのをやめれば自分に自信がつく。自分らしくいることの気持ちのよさは伝染する。私の考える二一世紀初頭の抵抗は、意識の奴隷《どれい》化と想像のマニュアル化を拒否するところから始まる。「創造は抵抗であり、抵抗は創造である」〔ステファン・エセル

『怒れ！憤れ！』村井章子訳、日経BP社、二〇一一〕と今は亡《な》きステファン・エセル〔一九一七–二〇一三。第二次世界大戦中はレジスタンスの一員としてナチスドイツに抵抗、戦後は外交官となり世界人権宣言の起草にも携わった〕が二〇一〇年に書いている。彼は抵抗運動《レジスタンス》に深い知見を有していた。

計画の必要性

ここまで来たら、私たちが陥《おちい》ってしまったこの慣習からいかに脱するか、そのために必要な新しい物語の材料とは何か、それを考えてみよう。歴史上には無数の理論やフィクション、万人受けする高尚《こうしょう》なイデオロギー――あるいはそうと見せかけたもの――が存在するが、その顛末《てんまつ》は悲惨なものも多い。大虐殺に結びつく理念の最たるものは宗教だろう。次いでナチズムやスターリンの共産主義《コミュニズム》、程度の差はあれ今日の新自由主義も挙げることができる。新しい物語を創るのに、政治経済における偽の神学を打ち立てることは穏《おだ》やかではないし、私もそれをするつもりはない。そうではなく、単純にこの本の冒頭で挙げた事実、大多数の科学者が伝えている生態系の変化、ＮＧＯが報じる格差の拡大、多くの経済学者が解説している成長モデルの限界に基づいて、いくつかの優先事項を定め直すというやり方はどうだろうか。地球の自然のバランスと生態系を尊重《そんちょう》すること、一定の公正さを保ちながら各人の最低限の生活（水、食事、住居、医療など）を保障すること、人間にとって最も必要とされるもの（存在意義、自由な生、自分の運命の舵《かじ》を取り、認められ受け入れられ集団の一員として迎えられる社会環境、など）が揃《そろ》った状態を作ること、そしてそれによって各人が才能を発揮できるよう手助けすること…一般的で、至って月並みなことを言っているのはわかっている。だがこれらは皆、いまだ実現していないどころか、現実の世界はそこから程遠い状態にある。世界人権宣言〔一九四八年、国連総会にて採択〕のように国連レベルで合意を得た文章や、気候変動に関する世界諸国民会議〔ボリビアのエボ・モラレス大統領の主導で、二〇一〇年にコチャバンバで開催〕で採択《さいたく》された「世界母なる大地の権利宣言」のような提案はあるものの、それらを実行するためのモデルはほとんど存在しない。民主主義がそれらを実現するモデルになるかと思われたが、その希望も粉々《こなごな》に打ち砕《くだ》かれた。格差は拡大し、地球は略奪を受け続けている。現在の私たちの民主主義モデルは、たとえ他の時代、他の地域と比べ進んでいるように見えても、十分であるとはとても言い難い。他の社会モデルと同様に民主主義モデルも、情報の扱い方や協議の方法、集団での決定方法等において、最適な様式を築くために見直される必要がある。

これらの要請に照らし、以下に挙げる三つの大きな目標をもとに物語の種《たね》を用意してみたい。

1　破壊と温暖化を止める

私たちの「物語」は何よりもまず生態系と社会保障制度と共生社会の破壊を抑え、気候変動の進行を遅らせ、被害を最小限に食い止め、さらにはそれらを実現するための要素で構成されなければならない。つまり私たちの敵は化石燃料であり、あらゆる浪費（エネルギー、食品、モノ）であり、過剰な消費であり、動物から作られる商品の氾濫《はんらん》であり、コンクリートを使用し、鉱山を掘り、森林を破壊し、大気中にガスをまき散らし、子どもや大人を悲惨な条件で働かせることで作られるすべてのモノであり、さらには民主主義を脅《おびや》かす富と権力の極端な集中であり、往々にしてこれらすべての惨事を引き起こす「構造」としての、極度の自由主義である。

2　復元力《レジリエンス》を育てる

崩壊学者や一定数の科学者が考えるように、問題の連鎖《れんさ》によって崩壊が起こる可能性は残念ながら否定できない。もし崩壊をまぬかれたとしても、私たちを待ち受けるのはいつ崩壊に至るかわからない緊張に満ちた、今よりも明らかに厳しい世界だろう。そのため、まずは地域の（そして私たちの生活の場の）復元力《レジリエンス》を育てることが不可欠となる。「復元力《レジリエンス》」とは被害を受けてもそれに耐えて踏みとどまる力、また最低限の機能を残した状態で環境に適応し、生き延《の》びる力を指す。具体的にいえば、食料とエネルギーを可能な限り地域内で生産し、一元管理されたネットワークのみに依存しない飲料水の管理方法を導入し、資材の再利用、修理、リサイクル分野を充実させ、伝統的なものであれ新しいものであれ、手作業によるモノづくりを発展させること、そして、そのために必要な知恵と技術を取り戻し、モノやサービスの大部分が地域の独立企業によって供給される、強固

I（一〇七頁）

な地域経済ネットワークを作ることである。平行して補完通貨を流通させることができればなお理想的だ。補完通貨とは、地域通貨や中小企業に割り当てられた通貨、商業活動以外の面から地域の復元力《レジリエンス》を高める通貨[1]〔公共料金の支払いや自治体の運営に使用される通貨〕、自由通貨〔銀行に依存せず、ある集団内での取引に使用される通貨〕などを指す。一言でいえば、生きた民主主義の原則を中心とした結束力ある地域共同体を作ることだ。「生きた」民主主義とは、五年か六年に一度投票し、（活動団体を除いて）選挙と選挙のあいだには地域の政治にほとんど関われない現在の私たちの民主主義と正反対のものを意味する。

なぜ多国籍企業よりも地域の独立した企業なのか。なぜ中央銀行や民間の多国籍銀行のみに依存しない通貨なのか。なぜ域外流通を介さず地産地消なのか。それはある体系の復元力《レジリエンス》がそこにかかっているからだ。

自然界の生態系[2]と、より複合的な仕組み（私たちの経済、社会、政治のような仕組み）を持つ体系に関する研究によれば、その復元力《レジリエンス》は主に「相互接続性」と「多様性」という二つの要素の上に成り立っている。ベルギーの経済学者ベルナルド・リエター〔一九四二－二〇一九〕はこの二つの要素について非常にわかりやすい例を挙げて次のように説明している[3]。

「相互接続性」とは、ある環境や動物が周囲との複数の接点から多様な交流を通して得られる、生き延びる力の度合いである。例えばニューヨークのセントラルパークに住むリスやパリの下水道のネズミは、どこにいても身を隠す場所と食料を見つけることができる。反対に竹や笹しか食べないジャイアントパンダは、自然の棲《す》み処《か》を失った途端に絶滅の危機にさらされることになる。適応することができないからだ。

「多様性」はもっとなじみのある概念だが、次のような形で使われる機会はあまりない。大量の木材を短期に供給する目的で植えられた単一栽培《モノカルチャー》の松林を思い浮かべてほしい。この環境下では山火事や木の病気が発生すれば瞬《またた》く間にそれが拡大し、松林全体が焼失や感染の危機にさらされる。ところがナラやブナ、シデ、カバ、ハシバミ、ニレといった豊富な種類の樹木からなる森であれば、あるものは燃えにくく、あるものは特定の病気に感染しないため、森全体としての生存力は高くなる。複雑な仕組みを持つ他の体系についても同じことがいえる。例えば、世界市場と連動する、世界中で流通している一種類の通貨しか持っていなかったとしたら？　二〇〇九年のときのような世界金融危機が再び起きれば、被害は瞬く間に広がるだろう。世界中の経済が打撃を受けるからだ。ある地域の雇用がグッドイヤー〔世界三大タイヤメーカーの一つ〕やアルセロール・ミタル〔世界最大の鉄鋼メーカー〕などのような、政府の全面支援によって設立された唯一つの大企業に支えられているとしたら？　人件費削減のために企業が生産拠点《きょてん》を東ヨーロッパや東南アジアに移せば、元の立地地域は失業者であふれ返るだ

I（一〇五頁）近年私たちは、一ヶ所に集約されたプロセス（大企業のアフターサービスや工場での大量生産）を通さずにはモノの修理や製造ができなくなっている。そのため大企業への依存度と地域の脆弱《ぜいじゃく》さがいっそう高まっている。

ろう。広大な土地で小麦やアブラナの単一栽培《モノカルチャー》に手をつけたら？　土地はやせ細り、化学肥料を使わなければならなくなるだろう（免疫《めんえき》が低下し害虫の攻撃を受けやすくなるので、より多くの農薬が投入されてしまうだろう）。一種類の食物しか食べないとしたら？　腸内細菌のバランスが崩れ、すべての免疫機能を失うことになるだろう。こういった事例には事欠かない。アメリカの生態学者ロバート・ウラノーウィッチュとその研究チームによれば、複雑な仕組みを持つ体系が生き残れるかどうかは、能率（短時間で多くのものを処理する力）と復元力《レジリエンス》とのバランスにかかっている。

現在の私たちの社会は効率にのみ集中し、復元力《レジリエンス》をなおざりにしている。ある取り組みをこの尺度（相互接続性と多様性を促進するかどうか）で測ることは、その取り組みが向かう先を知る貴重な手がかりとなる。大々的な企業努力にもかかわらず、マクドナルドやコカ・コーラといった企業が決して持続可能な企業になれない理由もそこにある。食の規格化に基づいたこれらの企業の事業モデル（地域の競争相手を潰《つぶ》し、どこでもビッグマックを食べられるようにする）は、広大な土地でのジャガイモの単一栽培《モノカルチャー》や、牛の集約飼育《しいく》（温暖化をもたらす主要な原因の一つ）、賃金を低く抑える一方で一部の株主を肥《こ》やし続ける非常に柔軟な雇用体系、などによって成り立っている。たとえ店舗《てんぽ》でのエネルギー消費を削減し、国産の肉を使い、ジャガイモの単一栽培《モノカルチャー》に消費する水の量を減らしたとしても、その事業モデルは私たちが描いているものとは正反対のモデルなのだ。

3　再生させる（地球と私たちの社会・経済モデルの再生）

すでに被害は甚大《じんだい》なものとなっている。環境破壊にブレーキをかけ復元力《レジリエンス》を育てるだけではなく、再生、修復、回復を促進することが求められている。新しい生産方法や移動・居住・交換の仕方を考え直し、生き物を尊重《そんちょう》した森を作り、空間を自然の状態に戻して、大気中の二酸化炭素の吸収を増進させること。これは共生経済やブルーエコノミーⅠといったモデルが提案していることだ。集団としての私たちの取り組みの大部分はそういった活動に向けられていく必要がある。

その具体的な活動の一例が持続型農業《パーマカルチャー》〔永続性（パーマネント）、農業（アグリカルチャー）、文化（カルチャー）を組み合わせた言葉〕による野菜の栽培だ。持続型農業《パーマカルチャー》とは、自然による土壌の肥沃《ひよく》化、畝《うね》づくり、森林農法、あるいは種々の作物を密集させた栽培、微気候づくりなどの技術を――これらすべてに石油を使うことなく――組み合わせた農業のあり方を指す。これによって、より小さな面積で旧来と同程度の収穫量を維持しながら、土壌を肥沃にし、二酸化炭素の吸収を増進させ、生物多様性を取り戻すことができる。それによって再び自然が開花するための空間を生み出すことができる。

木を植えて森を再生することで、大気中の二酸化炭素の一部を吸収するだけでなく、Ⅱ（一一一頁）地中の生態

Ⅰブルーエコノミーはベルギー人事業家グンター・パウリが提唱する経済モデルで、生活に必要なものを地域内で揃《そろ》え、生き物から学び、ごみを価値あるものとみなす循環経済に基づいている。このモデルの色は空や海に由来し、「持続可能な」発展を掲げるグリーンエコノミーと対立している（ウィキペディアより）。

系を再構築し、浸食を防ぎ、生き物に棲《す》み処《か》や食べ物を与え、またその地域一帯の気温を下げることができる。

海洋生態系の再構築（工業型の漁業を大幅に規制し、所構わず行われている底引き網漁《りょう》を禁止し、海洋へのプラスチックをはじめとする大量のごみの廃棄をやめる）によって、地球最大の炭素の貯蔵庫である海は二酸化炭素の吸収と酸素の放出（私たちが呼吸する酸素のおよそ四〇％に当たる）という働きを十全に果たすことが可能となる。共生経済のような経済発展モデルに取り組むことで、モノづくりに使われる材料を大幅に減らすことができる。またそうして造られた街では、農業や植物による浄水《じょうすい》エリアと樹木エリアが気温を下げ、生物多様性を生み出し、雨を吸収し、生活環境を改善し、再利用可能な資源を供給してくれる。[4]

私たちが推進し、形にし、物語に取り入れようと努めるのは以上三つの目標に応える新たな選択だ。物語は個々の作者の感性によって様々な形を取る（ここでは私の考えと同じ方向に向かう「理想を描く」物語を思い起こすにとどめておこう。他にも数えきれないほどの物語が存在する。ある物語は完全に破滅指向で、人工知能やアルゴリズムの奴隷《どれい》となりながら崩壊後の世界でもがき苦しむ人間の姿を描く。別の物語は「環境に優しい」テクノロジーと経済成長、地面を離れた垂直型の農園、至るところに設置された太陽光パネルなど、二〇世紀に形づくられた「進歩による解決」を夢見続ける）。

ピエール・ラビ〔一九三八ー、アルジェリア生まれのフランス人作家・エコロジスト・農業従事者。フランスにおけるアグロエコロジーの先駆者〕の提唱する幸福で簡素な生活は、消費や資源の使用と肥大《ひだい》化した物欲を大幅に削り、共感する力や知識、知性、あるいは協力や喜びといった人間としての質を高めるよう促す。本当に必要なものを享受するために、余分なものを手放すよう訴える。ミニマリスト〔最小限のモノだけで生活する人〕やごみゼロ運動、反成長主義などの考え方と多くの共通点を持つ物語だ。そこでは私たちは本当に必要なモノだけを残し、そのほとんどをローテクの道具で賄《まかな》い、自然に寄り添い内面を育てながら生きる。ピエール・ラビによれば、そのもとで人々は生活に必要な食物とエネルギー（それらの消費量は今よりもはるかに少ないはずだ）を協力して生産し、多国籍企業に依存しない自立した生活基盤を形づくる「オアシス」で暮らすだろう。余分なものが限られることで、必要に応じた「できる限り単純で健全な」方法を主体とする地域経済活

Ⅱ（一〇九頁）アーバー・ツリー・アライアンスによれば、木を新しく一本植えると年間で平均二〇キロから三〇キロの二酸化炭素をその木が吸収してくれる。一ヘクタールの森であれば、車の走行距離に換算《かんざん》して一〇万キロ分のガスを毎年吸収してくれる（www.arborenvironmentalalliance.com）。

Ⅰ海は大気中にある炭素の五〇倍の量を貯蔵していると考えられている。外洋とその海中を地球最大の炭素の貯蔵庫と考える科学者もいる。

動が発達するだろう。建築には再利用と再生が可能な地元の材料を使用しⅠ、暖房には木を使う。手作業でのモノづくりを広め、必要な知恵と技術は集団内で共有できるようにする。人々が打ち解けて暮らし、異なる世代同士のみならず、人と動物とのあいだにも調和の取れた関係が築かれること、これがこの計画の一番大切な部分である。

イザベル・ドラノワ〔一九七二―、フランスの環境問題専門家〕の提唱する共生経済は、人間の知性（科学的な分析、計画、概念《がいねん》化が可能）、道具（手動、熱動式、電動、デジタルなど）、自然の生態系（それだけで数々の驚くべきことが成し遂げられる）の三者によって形づくられる共生Ⅱが十分に効果を発揮できる社会を思い描く。彼女によれば、この三者のバランスを取ることは破壊を止めるだけでなく、地球、経済、社会の再生にもつながる。その良い例が、フランス国立農学研究所やアグロパリテック〔農業を専門とするフランスの高等教育機関〕の研究対象にもなった、持続型農業《パーマカルチャー》を実践するル・ベック・エルアン〔ノルマンディー地方の町〕での農場の取り組みだⅢ。科学と経験から考え出された方法（異なる植物の相互作用や土壌の役割、微気候などについての知識に基づく）や、工夫に富んだ手作業用の道具（幅八〇センチの胴《どう》で二六列播《ま》くことのできる種播き機、土の表面を力を使わずに手早く耕《たがや》すことのできる道具）、そしてたくましい自然の力（地中の微生物、受粉、樹木の働きなど）。この三者によって形づくられる共生は小さな農地に、自然に任せるよりも、また人間が道具を何も使わずに耕すよりも、そして現在のように自然の力を借りずに人間が道具を使って耕す（化学物質を使用した工業型農業）よりも、多くの実りをもたらす。そのうえ、土壌は自然の状態よりも肥沃《ひよく》になるため、土地や草木は炭素を吸収し、元の状態よりも多様な生き物が生息するようになり（ル・ベック・エルアンの農場も元は何もない草地だった）、農民は農業で十分な暮らしを立てることができるようになる。さらに、この三者による共生の原理は工業や経済、民主主義、教育といった他の様々な分野への応用も可能だとイザベル・ドラノワは言う。人間は隅々まで緑化された街で生活することができるだろう。随所《ずいしょ》に設《もう》けられた竹の生い茂る浄水場は汚れた水を浄化《じょうか》するだけでなく、地域の産業に利用できる有機資源としての竹も供給してくれるだろう。ファブラボ*を活用することで、モノは買い替えをせず修理して使えるようになり、ある程度まで大量生産に頼らずに自分たちで作ることが可能になるだろう。個

Ⅰピエール・ラビの娘とその婿《むこ》はモデルとなるエコビレッジ「ツゲの集落」（ル・アモー・デ・ビュイ）を作った。「寄せ集め方式」で建てられたという二〇軒ほどの家は、地域の森の木を骨組みに、レンガは工事で出た土に地元産の藁《わら》を混ぜて作られている。屋根は緑化され、家を仕切る壁や石垣もその土地の石が用いられている。

Ⅱ共生とは自然の最も力強い働きの一つで、二つの異なる生き物が互いに補完し合い、持続的で密接な関係を築くことを指す。

Ⅲこの研究では、一〇〇〇平方メートルの畑に対して、正当な給料が支払われる有機野菜栽培の職を一つ生み出せることが明らかにされた。通常、同程度の収入と収穫を得るためにはこの一〇倍の広さの土地が必要とされる（www.inra.fr）。

＊市民が自由に利用できる工作機器を備えた工房。マサチューセッツ工科大学の活動から始まり、今では世界中にネットワークが広がっている。

人が所有するモノは大幅に減るだろう。インターネットを適度に活用することで、車やドリル、芝《しば》刈《か》り機、フライヤー、その他の普段使わない道具は地域内で共有できるようになるだろう。電話やパソコン、テレビはレンタルにすることで、関連メーカーは製品をできるだけ長く使える状態に保つことを余儀なくされるだろう。私たちが使うモノの大部分は、二〇世紀に出たごみと再生可能な資源から作られるだろう。循環経済の原理によって、使われる資源はいつまでも材料であり続けるだろう。一から作り直さなくても修理が可能で性能が保てるように、道具の多くは動作環境の同じ部品、交換可能な部品を使って製造されるだろう。イザベル・ドラノワの計算では、これらの様々な方法（減らす、再利用する、リサイクルする、修理する、借りる、共有する…）を組み合わせれば、流通するモノの量を大幅に減らし（例えばミシガン大学での研究によれば、この組み合わせによって移動効率を落とすことなく都市部の車両数を八〇％減らすことができる）、結果として地球の資源の使用も大幅に抑えることが可能となる（イザベル・ドラノワによれば九〇％の削減）。ごみ、リサイクル可能なもの、植物、これらを資源に変えていけば、経済や環境にとって極めて良い循環を作り出すことができる。景観は変わり、多くの職が生み出されるだろう。通貨の使用は、流通範囲（地域、国内、国際）や集団的活動分野（中小企業の通貨、環境活動のための通貨、時間銀行*）に合わせた多様な形態を取れば、富と権力の一極化を防ぐとともに、地域を世界的な経済危機から守ることもできるだろう。エネルギー消費は大幅に減少し（保守的なネガワット協会**のシナリオでさえ、生活の質を落とすことなく最大でエネルギー消費を六〇％削減《さくげん》できると予測している）、エネルギー生産には再生可能な資源が利用されるだろう。太陽光パネルや風力発電用の風車は、今しがた述べた方法に従って製造されるだろう。イザベル・ドラノワが提唱するこの物語は、共有経済《シェアリングエコノミー》、機能経済〔モノを販売するのではなく機能を貸し、できるだけ長くモノを使えるようにする経済〕、循環経済、ブルーエコノミー、エコロノミー〔エコロジーとエコノミーを合わせた造語〕などの提案を数多く取り入れ、組み合わせている。

今日では様々な状況に応じた、同様の視点に立つ無数の物語が存在している。それらの物語は社会のあらゆる側面につながっているだろう。想像してみてほしい。例えば、小学校の一年生から協力することの大切さを学んでいる世界を。子どもは算数、国語、歴史以外に、他者との上手なコミュニケーションの取り方、自分の意志の伝え方、争いごとの解決の仕方を学ぶ。運動、シャワー、歯磨きによって身体の衛生を学ぶだけでなく、瞑想《めいそう》、非暴力コミュニケーション、行動療法によって精神の衛生も学ぶ。また医療というものが、身体やその日常的な働きを知ること（食事の影響、

＊時間銀行とは時間単位でサービスを売買する仕組みのこと。仕事の内容にかかわらず、一時間の労働は一時間の労働との交換となる。

＊＊フランスの環境活動団体。二〇五〇年までに化石燃料や原子力の使用をやめ、再生可能エネルギーへと切り替えるプランを作成している。

腸内細菌《さいきん》のバランス、精神との密接な関係など）と、植物の効能をはじめとする伝統的医療からの発見と、現代医療の提供物とによって成り立っていることを学ぶ。

想像してみてほしい。女性と男性が世界中のどこでも、まったく同じ権利を持っている世界を（このフィクションは、西洋ではハーヴェイ・ワインスタインの事件*と#ＭｅＴｏｏ運動**をきっかけに拡大したが、女性が性器を切除され、全身を布で覆われ、強制的に結婚させられ、暴行され、第二市民という立場に追いやられている国の多くの人々のあいだではいまだ想像すら難しいように思われる）。また、動物が今日のように「調度品」や足の生えたたんぱく質として（毎年六〇〇億頭以上の動物が悲惨な環境で育成され、殺され、食べられている）ではなく、感情を持った同じ生き物として認められている世界を。

想像してみてほしい。人間の活動の目的が、金を稼《かせ》ぎ、利益を上げ、成長を加速させ、失業率を低下させ、家庭の消費を増加させ、市場シェアを高め、販売し、購入し、テロの脅威《きょうい》を封《ふう》じ、財産を蓄《たくわ》え、ローンを返済し、無数の娯楽に没入し、自分の存在の無意味さとつらい死の恐怖を忘れさせるためにあるのではなく、地球上での自分たちの存在意義を知り、才能を発揮し、身体と精神の能力を高め、人間が作り出してきた膨大《ぼうだい》な問題群の解決に向けて協力し、個人としても集団としてもより良く生きることのためにあるという世界を。そしてその活動時間の大部分を、好きなことをし、人の役に立ち、自然の中を歩き、愛を交わし、情熱的な瞬間を誰かと生き、創造をしながら過ごしている世界を…。できるわけがない？　理想家、夢想家、おめでたい奴《やつ》だと思うだろう。ところが今描いたことはすでにフランスの小学校で、オランダのエコタウンで、スコットランドのエコビレッジで、アメリカのファブラボで、デンマークの工業地帯で、そして何百万人もの事業家やアーティスト、教師、建築家、農家の日々の暮らしの中で、始まっているのだ。ここに描いた物語は彼らが現実に成し遂げたことを素材にして語られている。今大いに必要とされているのは、この動きを加速させていくことだ。小さな物語が増えていき、それらをより大きくて創造的な、誰にも止められない運動へとつながる物語に育てていくことである。すでに書いた通り、私たちに残された時間は限られている。私たちを待ち受けるこの困難に立ち向かうには、素早く効果的に動き、必要とあらば山をも動かす勢いで事に当たらなければならない。通常人間がそのような行動に出るのは次の二つの場合だ。一つは、過酷な状況に置かれ、逃げ場がないとき（戦争、自然災害、その他確実に起こるとされる、あるいは再発するとされる危機）、もう一つは、熱狂や情熱に突《つ》き動かされたとき。多くの場合この二つは同時に起こる。

あなたの人生や人間の歴史に大きな変化をもたらした人たちを思い浮かべてほしい。アーティス

＊アメリカの映画プロデューサー、ハーヴェイ・ワインスタインによるセクシャルハラスメントを指す。

＊＊「私も」を意味するソーシャルネットワーク上で広がった運動。上記事件を受けて被害を告発する動きが活発化し、世界中へと広がっていった。

トであれ、エンジニアであれ、医者であれ、研究者であれ、あなたにインスピレーションを与えた尊敬すべき人たちを。文化、社会、政治に本当の変化をもたらした人たちを。彼らのほとんどは、自分にとって意義ある何かを実現するために、自分の「資質」を発揮できる場所を見つけている。「生きるためには働くしかないのだから、まあのんびりやっていこう。さて今夜はキャンディークラッシュ〔世界的に有名なパズルゲーム〕をやって、夕飯はテレビを見ながら食べようかな」などと言いながら日々を過ごしてきた人は彼らの中には一人もいない。彼らは燃えたぎる想いに突き動かされてきた（そして今も突き動かされている）。シャルル・ド・ゴール将軍〔フランスの軍人・政治家。第二次世界大戦中は亡命先のロンドンから抵抗を呼びかけ、レジスタンス組織「自由フランス」を指揮。一九五八年第五共和政を発足、初代大統領に就任〕は危機に、マハトマ・ガンディー〔非暴力抵抗運動により、インドのイギリスからの独立（一九四七年）を主導〕は弾圧に、マーティン・ルーサー・キング牧師〔一九五〇、六〇年代のアメリカ黒人解放運動の指導者〕やマザー・テレサ〔カトリック修道女としてインドのカルカッタで貧者・孤児・病人の救済に献身。一九七九年ノーベル平和賞受賞〕は非道な不正に立ち向かうために、またビートルズやヴァージニア・ウルフ〔二〇世紀初頭のイギリスの女性作家〕、ヘンリー・ソロー〔一九世紀のアメリカの作家・思想家〕は彼らのビジョンを伝えるために、その才能を発揮してきた。

想像してみてほしい。もし私たちがこの世界で日々費やしている生産的で創造的なエネルギーが、経済の歯車を動かすためではなく、毎朝ベッドからすぐにでも飛び起きて取りかかりたくなるような活動のために向けられ、そしてそれが環境や社会に大きく役立つような仕事であったとしたら…世界が変わるのにそう時間はかからないだろう。

新しい構造

しかしそうした仕事をなすためには、先ほど見たような、一日八時間をスクリーンに縛《しば》られて過ごし、生活費とローンに追われて仕方なく働くという隷属《れいぞく》状態を打破しなければならない。もう一度言おう。私たちの社会はその向かう先を示す「物語」と、生活のあり方を規定し条件づける「構造」によって成り立っている。社会の軌道《きどう》を大きく修正するには、新しい物語を創るだけでなく、私たちを取り巻く既存の構造を変えていく必要がある。それなくして「革命的な」一歩は踏み出せないだろう。大まかにではあるが、前章で示した三つの「構造」〔労働、娯楽、法律〕をどのように変えることができるのかについて見ていこう。

まずは法律から始めよう。プリンストン大学の研究が示すように、現在の民主主義が寡頭《かとう》政治や金権政治[I]へと姿を変えているとしたら――これまではそうでなかったと仮定してのことだが[6]――、もはや私たちには巨大ＩＴ企業や石油会社や銀行の持つ並外れた力を抑制する術《すべ》はない、というこ

I 富を持つ者が政治の実権を握る体制（ラルース辞典より）。

となるのだろうか。私たちは一握りの人間が他の大多数の人間を支配する、王政時代から連綿と続くフィクションの中に今も生きている。変わったのは外見だけだ。人々に均等な力を分配できる新しい物語を描くには、私たちの共同生活を秩序立《ちつじょ》てている規則そのものを決め直す必要があるだろう。二〇〇九年、アイスランドの人々はそれを実行しようとした。政治家と巨大銀行の共謀《きょうぼう》により国は破綻寸前《はたんすんぜん》まで追い込まれていた。人々はまず道路を占拠し、ソーシャルネットワークやメディアを駆使《くし》して、内閣の総辞職と中央銀行頭取《とうどり》の辞任を実現させた。そして市民の手による新憲法の作成に着手した。この革命的な憲法草案は、権力の分配と透明性、責任について書かれている。銀行の監査を義務づけ、有権者の一〇%の要求があれば民意による国民投票の実施を認め、一般市民による法律の提案を可能にするという内容だ。二〇一二年五月、この新憲法草案の重要な六つの点について国民の賛否を問う国民投票〔法的拘束力を持たない意見聴取的なもの〕が行われた。結果、賛成派が圧倒的な勝利を収めた（この憲法草案を新しい憲法として採用することに賛成が六七%、自然資源を国有化し民間所有を禁じることに賛成が八三%、国民主導の国民投票を実施することに賛成が七四%）。しかしその地盤は脆弱《ぜいじゃく》であった（投票率は四九%にとどまった）。また残念なことに、そもそもこの投票は法的な拘束力《こうそくりょく》を持たなかった。

市民の手による新憲法というこの空前の試みは、国民投票の数ヶ月後に再編された保守派の政権によって国会で中断されてしまった。[7] 他の多くの国と同様、議員の権力を規定するための憲法の作成、改正、批准《ひじゅん》を行えるのは議員の特権であったのだ。憲法であれ他の法律であれ、立法に関する国民の権利を取り戻すことは根本的な課題といえる。しかし「どのようにしてそれを成し遂げるのか」はまた別の問題だ。おそらくは教育モデルを変え、責任能力を持つ見識ある市民を育て、とくに権力に対して無条件に服従することのない市民を育てることによって、また次章（「革命はいつ起きるのか」の章）で取り上げるように抵抗運動《レジスタンス》を起こすことによって、それは成し遂げられるだろう。「何を目指すべきなのか」。こちらのほうはよりシンプルな問いだ。その最初の答えとなるのは、ヨーロッパや世界の国々においてすでにいくつか存在する、市民による積極的な政治参加を可能とする制度の確立であろう。こうした制度は直接民主制と代表民主制を合わせた形を取ることが多い。スイスでは市民が主導して憲法や法律の改正案を提出したり、国会議員の提出した法案に反対したりすることができる。アメリカのニューイングランド地方では市民が議会――ニューイングランドタウンミーティング――に参加して、自分たちで街の法律と予算を決めることができる。アメリカの他の多くの州の市民も、リコール選挙により議員を罷免《ひめん》し（二〇〇三年にはカリフォルニア州知事が解任された）、州法を発布し、州憲法を改正することができる。エクアドルの憲法でも、使命を果たさない議員を罷免するための国民投票が認められている。欧州連合（ＥＵ）でも、欧州市民イニシアティブ制度により、加盟国中七ヶ国から一〇〇万人の賛同を集めれば議会に法案を提出することができる。これらの制度は議員と市民が協力し、社会に変革をもたらしうる強力な関係を生み出すのに大いに役立つだろう。[8]

私たちは「法律」という「構造」に対する力を取り戻すことで、残り二つの「構造」〔娯楽、労働〕がはらむ複数の重要問題に取り組むことも可能になる。ウェブのアルゴリズムや設計による行動の誘導という問題、そして収入を得るための労働の必要性という問題だ。

前者の問題を生み出す構造から抜け出すには、何よりもインターネットが形成する「交通網」に対して民主的な規制をかける必要がある。二〇億人が行き交い交流する空間（フェイスブック）を一民間企業が運営し、自社の収益性の確保と利益の最大化のためにコードや規則、設計を一手に管理している今の状況は望ましいとはいえない。世界市場の一角を占め、拡大を続けている巨大オンラインスーパーマーケット（アマゾン）も同様だ（アメリカではオンライン販売の四四％を占める）。また、インターネット利用者の九三％が使用する検索エンジン（一日で五四億八〇〇〇万回の検索が行われている）を一企業（グーグル）が手中に収め、収集した個人のデータ、嗜好《しこう》、位置情報から利用者の人物像を描き出して、その人向けの最適な広告表示場所や、その人の購買行動、その人の読むものと選択にまで影響を与える様々な情報を広告業者に提供している状況も好ましくない。今挙げた三つの例には公共の利益と個人の利益のあからさまな対立が見られる。この対立はあらゆる意味で私たちにとって高くつくことになるだろう。規制により、コミュニケーション経路の独立性と私生活の保護を保証する必要がある。また、ウェブサイトの閲覧《えつらん》を続けるか、アプリケーションをダウンロードするかといった形で、利用者側の選択を誘導することはしない設計も保証する必要がある。元グーグル社員のトリスタン・ハリスはそれに向けて、利用者が無理なくスクリーンの使用を軽減できるよう画期的な研究を行っている。[9] 例によって、企業が自主的に自社利益に反する措置《そち》を取ることはない。利用者の選択の可能性と、強制力ある規制の両方が揃《そろ》って初めて、新たな措置というものは取られる。この二つは通常同時に進行する。

続いて私たちは、給料と金に対する依存を弱める新たな構造について考える必要がある。[I] なかでも大胆な取り組みといえるのが、飛躍的に向上した私たちの社会の生産性をすべての人々に還元するベーシックインカム（基本所得）の導入だ。また一つ非常に興味深いフィクションの登場である。多くの人は、働かずに所得を得るというこの考え方に抵抗を覚え、これを危険で不道徳な発想とみなす。労働と報酬の相関関係が染《し》みついてしまっている私たちの脳には、この二つを切り分けて考えることは困難なのである。しかしそのような制度が機能しうることを示した、非常に説得力のあ

I　一九七〇年代と比べ労働生産性は三倍に、ＧＤＰは二倍に増加したが、大半の国民は豊かさを実感していない。富の大部分は一部の人間のもとに集まり、またその一部は租税回避地《タックスヘイブン》の口座に隠《かく》されるなどして、人々に還元されていないからだ（www.lemonde.fr/blog/piketty）。

る研究や実験が存在する[I]。結果をより確かなものとするために、定期的に新しい実験も行われている。現在はフィンランド、フランスのヌーヴェル＝アキテーヌ地域、オランダのユトレヒト、アメリカのカリフォルニア州やカナダのオンタリオ州で実験が行われている[*]。

無条件に支給されるベーシックインカム（すべての人が生まれてから死ぬまで受給条件なしに受け取ることができる）を支持する人の多くが、所得と労働の結びつきを断ち切ることは、仕事を「耐えるもの」から「選ぶもの」へと変えるために社会が取ることのできる最も強力な手段の一つであると考えている。ベーシックインカムの受給者が油を売って過ごすのではないかという説は他ならぬ現実によって反証されている。二〇〇九年に医学雑誌のランセットに掲載された記事には、「条件付きないし無条件の現金給付に関する最新のデータでは、現金を給付することにより大人が仕事を探さなくなる、あるいは依存の習慣を生み貧困の世代間連鎖《れんさ》を恒久《こうきゅう》化させるといった説とは程遠い結果が出ている[10]」と書かれている。それどころか生活に苦しむ人は現金を受け取ることでさらに働く傾向が見られる、と研究者は言う。イギリスのホームレスを対象とした数多くの実験や、マラウイ、ナミビア、ブラジル、インド、南アフリカ共和国の貧しい人々を対象とした実験でも同様の結果が示されている[11]。さらには一九八七年にアメリカの研究者ロイ・カプランが行った宝くじ当選者についての研究でも、当選者が仕事を辞《や》めることは滅多になく、辞めたとしてもその理由はより自分に合った別の職に就《つ》くため、あるいは子育てに専念するため、という結果が出ている[12]。

大胆なベーシックインカムの導入[Ⅱ]は、人々の最低限の生活を保障する（よって何百万人もの人を貧困から救い出す）だけでなく、収益に直結しない活動を選択する余地も生み出すことができる。というのも、農家や看護師、教師、ＮＧＯの職員といった公共の利益につながる多くの仕事は収入が少ないという現実に苦しめられているからだ。先にも見たように、学校を卒業すると同時に働かなければならない状況や、自分について知り、情熱を傾け、才能を発見する手助けとはならない学校教育の仕組みにより、多くの生徒が自分の資質に合わない道に進んでしまっている。合わない職に就いている人ほど恐ろしいものはない。生徒を退屈させる教師、患者を乱暴に扱う看護師、時計

Ⅰ　一九七〇年代にカナダで実施されたミンカム（Mincome〔最低所得〕）の事例（若者の勉強量と時間は増加し、入院や家庭内暴力、精神疾患《しっかん》の件数は減少した）や、一九六四年にアメリカの五つの都市で行われた調査研究、あるいは石油の恩恵《おんけい》を受けアラスカ州で今も続いている実験が挙げられる。アラスカ州はこの実験により、アメリカで最も格差の少ない州の一つとなっている。これらの実験や研究はルトガー・ブレグマンの『隷属なき道―ＡＩとの競争に勝つ　ベーシックインカムと一日三時間労働』に詳しく書かれている〔巻末原注第5章11参照〕。それ以外の実験については、オリヴィエ・ル・ネールとクレモンティーヌ・ルボンの共著『ベーシックインカムという生活を変えるアイデア〔未訳〕』（アクト・シュッド社、ドメーヌ・デュ・ポシーブル叢書《そうしょ》、二〇一六）の中で言及されている。

＊オンタリオ州は二〇一八年七月に実験を中止、フィンランドは二〇一八年一二月に実験を終了している。

Ⅱ　ベルギーの哲学者・社会学者であるフィリップ・ヴァン・パリースをはじめとするとりわけ進歩的なベーシックインカムの研究者は、一ヶ月当たり大人一〇〇〇ユーロ〔約一二万円〕、子ども四〇〇ユーロ〔約四万八〇〇〇円〕という金額を算出している。

をじっと見つめている会社員、立場を利用して私腹を肥《こ》やす政治家…。
月に一〇〇〇ユーロの所得保障があれば、従来型の農業を行っている農家はローンを返済しながらも有機農業への転換を検討することができる。自動車工場に勤めている人はリペアカフェ*を開き、モノを修理する才能（もしあればだが）を発揮しながら生活の質を大幅に向上させることができる。多国籍企業の管理職は、社会と環境に役立つ会社を立ち上げ、その能力を生かすことができる。[I] 清掃業に携《たずさ》わっている人は学業を再開することができる。

ベーシックインカムに対する的を射《い》た疑念も存在する。その一つが、創造性を解き放つ代わりに消費主義を加速させるのではないかというものだ。たしかにそれはリスクの一つに数えられる。しかし長期的に見れば大部分の人が新しいオーブンやタブレットを買うことよりも、人の役に立ち、楽しく創造的で、存在意義を感じられる生活に興味を持つと私は考える。人は往々にして一方（存在意義）の欠如《けつじょ》を埋《う》めるべくもう一方（買い物）に頼るものだからだ。

あまり研究されることはないが、私たちを金と経済成長への依存に縛《しば》りつけるもう一つの「構造」は貨幣創造の仕組みだ。ヨーロッパではリスボン条約第一二三条にその規定がある。[II] 現在ユーロ圏で流通している貨幣のおよそ八五％は民間銀行が融資《ゆうし》を行うことにより創造されている。残りの一五％は、欧州中央銀行と加盟各国の中央銀行が発行する硬貨と紙幣である。わかりやすく説明しよう。あなたが車を買うために一万ユーロを借りようとしたとき、民間銀行は、金庫内に一万ユーロを保有していれば（そしてあなたに返済能力があると判断すれば）システム上において融資する金額を創造することができる。あとはクリック一つで、数分前には存在しなかった一万ユーロがあなたの口座に送金される。Ⅲ あなたは代理店に車の代金を支払い、代理店はそれを銀行に預《あず》ける。こうして銀行の金庫には一万ユーロが追加され、さらに一万ユーロの融資金を創造することが可能となる。この新たに創造された融資金一万ユーロを、今度は高級オーディオ機器を購入しようとしている新たな顧客《こきゃく》に貸し付けたとしよう。するとこの新たな顧客はそのお金でプレーヤー、スピーカー、アンプを購入し、業者は受け取った一万ユーロを銀行に預金する。銀行はさらにまた別の顧客に一万ユーロを融資、つまり新たに一万ユーロを創造することが可能になる。これが連鎖《れんさ》していく

＊ボランティアが集まりモノを修理する活動。二〇〇九年にオランダで発祥《はっしょう》し、世界中にネットワークがある。

Ⅰとはいえ非常に裕福な生活を手放すことは簡単ではなく、この中では一番非現実的な例となっている。この場合、金への依存が度を越している。

Ⅱリスボン条約第一二三条は次のように定めている。「欧州銀行並びに欧州連合（ＥＵ）加盟国の中央銀行（以下「各国の中央銀行」という）は、ＥＵの機構、機関、組織、加盟国の中央政府、地方自治体、その他公的機関、公的な性格を持つ団体や企業に対して当座貸越《かしこし》並びにいかなる形態の融資《ゆうし》も行ってはならない。同様に欧州中央銀行並びに各国の中央銀行はそれらの機関から直接借入《かりいれ》を行ってはならない」。この第一二三条はマーストリヒト条約〔ＥＵの創設に関する条約〕第一〇四条を踏襲《とうしゅう》しており、また欧州憲法条約第一八一条とまったく同一の文言になっている。

Ⅲ銀行融資についての実際の規定では、一を保有する場合に〇・八を創造することが認められている。ここではわかりやすくするため一対一に置き換えている。

わけだ。「信用乗数効果」と呼ばれるこの効果により、平均して一を元手に六まで創造することができる。現実に銀行に存在する一ユーロから、貸付《かしつけ》により「仮想的に」六ユーロが創り出されるということだ[13]。何が問題なのか？　問題は三つある。

最初の問題は、貸付金が返済されると、創造された額がシステムから消去されるということだ。したがって、流通する貨幣の量を十分に保ち成長が止まらないようにするには、新たな融資によって消費を加速させる必要がある。

二番目の問題は、返済時には貸付金に加え利子の支払いが生じることだ。ところで利子の額は融資の際に創造されていない。別の言い方をすれば、世の中に流通している貨幣の大部分は利子を伴う貸付により創造されているが、利子の支払いに充《あ》てる貨幣は存在しないということだ。利子を支払うためには、どこかで誰かが融資を受けることで、必要な金が創り出されなければならない。新しい経済活動つまり成長が生み出されなければならない。ベルギーの経済学者ベルナルド・リエターは次のように語る。「このモデルには経済成長が不可欠である。ゼロ成長へ向かうことが可能であると考える人たちは、貨幣の仕組みを理解していない。そうなればただ単に破産するだけだ[14]」。

最後の重要な問題は、貨幣の大部分が民間銀行によって創造されており、その目的が利益の最大化にあるということだ。銀行は貸付を増やし、あらゆる戦略を駆使《くし》して金から金を生み出そうとする。その行き着く先を私たちは知っている。今や世界に流通する貨幣の九七％は投機に回っており、実体経済(目に見える財や富の交換)に回る分はたったの三%にすぎない。[15] この実態が、一部の人間が富を独占する要因にもなっている。端的《たんてき》にいえば利子のメカニズムにより、金を持っていればいるほど金が集まってくるからである。ベルナルド・リエターは次のように説明する。「利子とは、金が不足している人から余っている人への金の移動である。資産を社会の頂上へ自動で汲《く》み上げるポンプのようなもので、エリートが既得《きとく》権を守るには非常に合理的な方法である。そもそも紀元前三〇〇〇年、父権制の始まりにあったメソポタミアのシュメールにてこの仕組みが発明されたのはそのためである」[16]。

際限なき成長と経済戦争——他人を犠牲にしていかに多くの金を集めるか(それができるのは希少価値が人為的に保たれているためだ)——を私たちに強いるこの構造から自由になることは、貨幣創造において新しいフィクションが生み出されることを意味する。このフィクションは何年も前から補完通貨という形で発達してきており、現在では自由通貨も現れてきている〔本書一〇六頁参照〕。スイスでは一九三四年より、スイスフランとＷＩＲ《ヴィア》の二種類の通貨が使用されている。ＷＩＲ《ヴィア》は一九二九年の世界恐慌の影響を真っ向から受けた事業家たちによって発明された、利子の付かない中小企業向けの通貨である。突拍子《とっぴょうし》もない発想からこの通貨は生まれた。旧来の銀行が金を貸さなくなったことで資金が不足し、経営危機に陥《おちい》ろうとしていた一六人の事業家たちが、自分たちで取引の手段を作ろうと決意したのだ。現在より規制が緩《ゆる》かったことも相まって、彼らは銀行まで設立してしまった。今では六万人の事業者がこの銀行を利用している。アメリカの経済学者ジェームズ・

ストッダー教授が行った二つの研究によれば、スイスフランを補完するこの仕組みが、スイスの経済とＷＩＲ《ヴィア》利用企業の経営危機に対する復元力《レジリエンス》を高めている[17・18]（二〇〇九年の経済危機のときがその実例だ）。イギリスのブリストル地方、ドイツのキームゼー地方、フランスのバスク地方をはじめ、他にも何千もの地域で、特定の範囲内でしか流通せず、地域の独立企業ネットワーク内でしか使用できない地域通貨の実験が行われている。その目的は、地域から多国籍企業に貨幣が流出するのを防ぐこと、企業を地域に根づかせて移転を減らすこと、脱税を阻止《そし》すること、生産・流通・消費の距離を縮《ちぢ》めて二酸化炭素の排出量を減らすこと、それらによって地域の経済活動に独立性を付与し、市場への依存から地域を解放することにある。また、インターネットの発達により、ブロックチェーンを用いた仮想通貨（暗号資産）などの新しいモデルも登場している。このシステムでは情報が暗号化されているため、従来の銀行システムを介さずに利用者同士が直接金融市場に参入し、通貨取引を行うことができる。一番有名なのはビットコインであるが、その投機的な性質とエネルギー消費の高さを考えると、実際には環境に配慮した市民のための発明とはとても言い難い。他方、イーサリアム*などエネルギー消費を抑えたシステムの開発も進んでおり[19]、こちらのほうがより持続可能なシステムであると思われる。地域通貨と仮想通貨を融合させる実験も、ジュネーブの地域通貨「レマン」の発案者たちによって行われている。実用化されれば、オープンソースのプラットフォームによって誰でも登録し、通貨を作ったり（地域向け通貨、中小企業向け通貨、自由通貨、国際的な通貨など）、既存の通貨を使用したりすることができるようになるだろう。またスマートフォンのアプリケーションを使えば、利用者同士の取引にもこの通貨を使用することができるようになるだろう。このシステムは中央管理サーバーを置かず、無数のコンピューターをつなぎ合わせ、それぞれをネットワークの「結び目《ノード》」とすることで安定性を確保する。ビットコインとは異なり、投機性がなく利息《りそく》の付かない通貨となるだろう。

これまた新たな興味深いフィクションの登場だ。私たちが生きていくうえで必要不可欠となった貨幣を、国や銀行以外が創造できるという考えは非常に衝撃的だ。しかし同時に、今日の貨幣の仕組みを知り、衝撃を受けることも私たちには必要ではないだろうか。トーマス・ジェファーソン〔元アメリカ合衆国上院議員〕に宛《あ》てた手紙の中でこう書いている。「私もあなたと同じく、銀行を、出撃準備の整った軍隊よりも危険なものだと考えています。〔第三代アメリカ合衆国大統領、在任一八〇一－〇九〕は一八一六年、ジョン・テイラー

Ｉブロックチェーンとは、中央管理者を置かず、高い透明性と安全性を保ちながらデータの保管と送信を行う技術のこと（フランスにおけるブロックチェーンの定義）。誰にでも使用できるパブリックチェーンと、アクセスや使用に制限のあるプライベートチェーンがある。パブリックチェーンは匿名《とくめい》で作成され公開された、偽造が不可能な会計帳簿に譬《たと》えることができる——フランスの数学者ジャン＝ポール・ドラエの言葉を借りれば「すべての人が無料で自由に読むことができ、書き込むこともできるが、消すことも破壊することも不可能な巨大な台帳」（『プル・ラ・シオンス』誌、二〇一五年三月号、八〇頁）を思い浮かべるとよい。

＊分散型プラットフォームの一種。プラットフォーム内での取引には仮想通貨イーサが使用される。

後日返すことになる金を融資という名目で今使ってしまうという方針は、未来に対する大がかりな詐欺《さぎ》以外の何ものでもありません」[20]。

貨幣創造の独立性を取り戻せば、優先度の高いものに支出が回る新たな構造を築き上げることができる。同時に、負債《ふさい》により自由を奪われ、服従を余儀なくされるというこれまでの状況を、回避することができる。一番の不安材料は負債にある。私たちの経済は負債を生み出す構造のもとに成り立っている。その中で一部の人間、組織、機関が支配を強めていく。近年におけるギリシャの例がその典型だ。ギリシャにおける財政赤字の拡大は長年にわたり公然と非難されてきた。破綻《はたん》の危機に直面したギリシャは、国際通貨基金（ＩＭＦ）、欧州金融安定基金、欧州中央銀行およびヨーロッパの複数の国からの援助を受け入れることを余儀なくされた。それらの国や機関は、ギリシャが緊縮財政措置《そち》を取ることを条件に、何千億ユーロもの金融支援を行うことに同意した。その結果、公的機関――病院や学校など――の多くは真っ先に予算削減による制約を受けることになった。トロイカ〔欧州委員会、ＩＭＦ、欧州中央銀行の三者を指す〕は、表向きはギリシャの財政の健全化と政権運営の立て直しを謳《うた》った。しかし実際には、多くの公益事業が民営化され（ギリシャは港や道路、空港やエネルギー事業の民営化を受け入れた）、財政悪化に拍車をかけることとなった。毎年拠出《きょしゅつ》されるギリシャへの融資の大半は、経済再建や疲弊《ひへい》した公務員への支払いにではなく、累積した借金にかかる利子の返済に充《あ》てられた。[Ⅱ] ＧＤＰ比で見る負債額は二〇一二年の一二九％から、二〇一七年には一八五％までに膨《ふく》れ上がっていた。その一方で、ドイツでなされた二〇一五年の研究が明らかにしたところによれば、その間、すでに疲弊しきっていたギリシャに対してとりわけ厳しい態度を取り、真っ先に緊縮財政を要求したドイツは、二〇一〇年のギリシャ危機の始まり以来一千億ユーロ近くの利益を手にした。「この利益は経済危機による損失を上回るものだ。たとえギリシャが負債の全額を返済しなかったと仮定しても、である。[…] 負債が生むヨーロッパ経済全体の危機の最中に、ドイツはこの動きを利用して法外な利益を手にした」と、当研究の経済学者たちは書いている。[21] またフランスのフィガロ紙も、「ドイツは二〇一一年より、アテネが主にヨーロッパ諸国からの財政支援を頼りに足早《あしばや》に進めてきた民営化事業に参入し、数多くの重要な契約をむしり取ってきた。ドイツの空港運営会社フラポートはギリシャの企業と提携し、ケルキラ島〔別称コルフ島〕など有名観光地を含む一四地方空港の運営権を、およそ一〇億ユーロで落札した」と伝えている。[22] 中国のコスコ・グループはピレエフス港〔アテネの外港〕を獲得した。二〇一二年から二〇一六年にかけては、欧州中央銀行が七八億ユーロ、

Ⅰところがこの財政赤字は国政よりも民間銀行の側に原因があった、とエリック・トゥーサン〔ベルギー人歴史家、違法債務撤廃委員会（ＣＡＤＴＭ）代表〕は分析している（www.cadtm.org）。

Ⅱ二〇一五年、借入金の八六％は負債の返済に、四％は欧州金融安定基金への支払いに充てられ、国の予算となったのはわずか一〇％であった（www.cadtm.org）。

ＩＭＦが二五億ユーロの利息を受け取っている[23]。

利子を伴う貸付によって貨幣を創造するこうした仕組みがいかに金と権力の集中をもたらすか、そのことを示すこれ以上の例はないだろう。

もしギリシャが国際取引上のユーロを残しつつ、利子も付かずユーロに替えることもできない地域限定の補完通貨を発行していたら、どんな展開になっていただろうか。間違いなく欧州委員会に対しては規則違反について弁明する必要が生じただろう。だが実質的には、人々の生活を支える価値の交換手段が得られることで、経済活動は回復に向かったに違いない。今回は旧来のフィクションに軍配が上がったが、何十もの地域で新たなフィクションが作られたとしたら、どうなるだろう？

貨幣創造に関するこうした例は、ゲームの規則を変えれば構造も変えられることを示している。ところで、そうした規則は、共有される物語と信用の上に成り立っている。通貨に関してはとくにそれが顕著《けんちょ》である。一ユーロに一ユーロの価値があるのは、信頼のおける第三者（欧州中央銀行）だけがその価値を保証しているからではなく、十分な数の人々が同時にその価値を認めているからである。ある日、中央銀行が「ユーロに価値はなくなった」と宣言すれば、あなたの口座に何千ユーロ入っていようが、何の使い道もなくなるだろう。これまでずっと硬貨で支払いを受けてきたあのパン屋も、その日からもう硬貨を受け取らなくなる。何ともばかげた話である。本当のところは何一つ変わっていない。パンはいつも通り店主の後ろの棚《たな》に並んでいて、あなたもこれまでと何ら変わらぬ同じ人間で、同じ仕事を続けている。ただ、パン屋とあなたのあいだに生じる価値の交換手段がその合図で変わっただけだ。同じことが通貨の切り下げでも起こる。今日あなたが持っている紙幣の価値は、明日にはもう変わっているのだ。

「物語」と「構造」がいかに重要か。そのことを理解することは必要不可欠である。私たちの社会は、少数の人間が創る物語によって何百万人もの人々を従える力が生み出され、その力によって構造（金、法律、インターネットなど）が作られ、また作り変えられている。一部のごく少数の人間が他の無数の人間を支配できるのはこの「物語」と「構造」のためである。ゲームの規則は前者が決めるとされている。少なくとも、物言わぬ大衆が結集し一丸となれば彼らを打ち倒せるのだと気づくまでは。フランス革命やロシア革命はそのようにして起こった。だが革命が実際に起こることは稀《まれ》である。多くの場合、人々の足並みが揃《そろ》わずに失敗する。シャルル・ド・ゴール将軍が軽蔑《けいべつ》をこめて「牛の群れ」と呼んだ「大衆」は、どのように事を準備し、どのように協力し合えばよいのかがわからないでいる。だが協力以上に大切なことはない。歴史を振り返ってみても、ほとんど例外なく、よりよく協力し合えた人々が勝利を摑《つか》んでいる。どのように協力し合うかを学ぶことは喫《きっ》緊《きん》の課題なのだ。幸いなことに方法は存在し、すでに成功例もある。

6 革命はいつ起きるのか

たとえ私がしたように、二〇一八年の初頭に必要とされていると自分が感じたことに基づいて、いくつかの「物語」や「構造」の土台を作る試みが不可欠だと思われたとしても、そのような試みだけでは実を結ばないだろう。イギリス人エコロジストのジョージ・マーシャルが言うように、ホモ・サピエンスは理性と感情という二つの基準で物事を認識している。人間が社会を構築するうえでフィクションが特別重要な媒体となったのは偶然ではない——ほとんどの場合、「感情をつかさどる脳」が勝るためだ。たとえ誠実な思いからであれ、自分たちが前向きで建設的だと考えるフィクションを一方的に押しつけるのではなく、その人の内にある創造性を呼び覚まし、共感する力と知識を高め、熱意を掻《か》き立てる構造的な背景を作ることのほうが重要なのである。かりそめの理想的な仕組み――幸いなことにそんなものは存在しない――を想像することが目的なのではない。目的は、フィンランドの教育のように、できる限り多くの人が自身の直感と客観的な知識に等しく導かれ、自分たちの力でそうした背景を作り出せるよう、その枠組みを示すことにある。

いくつかの団体やコミュニティーはこの創造性に富んだ、熱意を呼び覚《さ》ます術《すべ》を熟知しており、私たちに取るべき行動を示唆《しさ》してくれる。例えば、街ぐるみで脱石油への「移行《トランジション》」を目指す住民主体のトランジション・タウン（街の移行）運動や、そこから始まったトランジション・ネットワーク〔二〇〇七年、イギリスのトットネスで始まったトランジション・タウン運動を世界に発信するために設立〕、あるいは道路や街全体を巨大な菜園へと作り変える「みんなの菜園《インクレディブル・エディブル》」〔同じくイギリスのトッドモーデンで始まった運動〕、都市農業、エコビレッジ、補完通貨などの運動がそれである。政治的な領域では、ハーヴェイ・ミルク〔サンフランシスコの市議会議員で、ゲイの権利活動家。後述〕のようなリーダーとＬＧＢＴ[I]の権利運動家たちや、アラブの春の起点となったいくつものグループ、あるいはバラク・オバマと彼の「イエス・ウィー・キャン」などが力強い物語を打ち立て、何百万人もの人々を先導した。彼らが提起したその物語によって、人々は、何十年にもわたりエジプトやチュニジアを全面

I　レズビアン、ゲイ、バイセクシャル、トランスジェンダーの頭文字。

支配してきた独裁者が普通の市民の手で打ち倒される世界や、同性愛者が異性愛者と同じ権利を持つ世界、そして黒人がアメリカ合衆国大統領になる世界を具体的に思い描くことができた。

セルビア人活動家のスルジャ・ポポビッチ〔一九七三－〕は、そのような物語がどのように紡《つむ》がれ、革命を形成し、また成功に導くかを長年にわたり研究してきた。今世紀初頭にユーゴスラビアのスロボダン・ミロシェビッチ大統領を打ち倒したオトポール！〔セルビア語で「抵抗」の意〕運動の主要メンバーであり、その後セルビアの議員を四年間務めたポポビッチは、二〇〇四年に革命のコンサルティングを目的とする型破りな組織ＣＡＮＶＡＳを設立した。そして世界各国から政権の打倒を模索《もさく》する何百人もの人々、集団が「非暴力ゲリラ運動」の原則を学びに彼のもとを訪れた。

ポポビッチはこれら多くの人々、集団をモデルに事例研究を行い、そこから九つの原則からなる革命の方法論を『武器を持たない非力な一人の人間がいかにして独裁者を倒すか〔仏訳題〕』という著作にまとめ上げた。この著作は不完全であり疑問点も多いが、実践的かつ経験に基づいており、事例も豊富なことから触《ふ》れてみる価値は十分にある。何百、何千、そして何百万人という人々とどのように連携し、どのように運動をまとめていくか。これは私たちが直面している課題でもある。

ポポビッチの描く「革命」のほとんどは、容易に取り組むことができ、広く波及していく可能性を持った小さな闘いから始まる。これは彼が最初に教えることの一つである。ポポビッチによると、活動家や運動家、またその他の救世主たちは同じ間違いを犯《おか》している。それは「大きな思想」のもとに人を動かそうとすることだ。気候変動がいかに壊滅的な被害をもたらすか、スーダンの小さな女の子が女性器切除手術を受けさせられるという現実がいかに人道に反するか、あるいは、私たちが二年に一度ｉＰｈｏｎｅを買い替え、二ヶ月に一度Ｈ＆Ｍ〔スウェーデン発祥の世界的アパレルメーカー〕で新しい服を買うために、労働者たちが悲惨な環境とわずかな賃金で、人権を無視され働かされているという現実がいかに許し難いことか。信念に突《つ》き動かされた活動家や運動家たちの一部は、これらの事実を真摯《しんし》に説明すれば聞き手は納得《なっとく》し、協力してくれると本気で思っている。しかし実際にやってみれば（この本を読んでいる人にはその経験があるかもしれないが）、そうはならないことがわかる。うまくいけば相手は神妙な顔つきでうなずき、その通りだと同意してくれるかもしれない。もしかしたらオンラインの署名に参加し、フェイスブックやツイッターであなたの憤《いきどお》りを訴える投稿をシェアしてくれるかもしれない。だがこちらが一歩踏み込んで、気候変動対策への取り組みや、女性器切除手術に反対する運動、スマートフォンの不買運動への参加を求めたとしたら、首を縦《たて》に振る人

1　原題はさらに面白い。『革命の青写真―ライスプディング、レゴ人形、その他非暴力の手段によってコミュニティーを奮《ふる》い立たせ、独裁者を倒し、あるいは単純に世界を変える方法』（*Blueprint for Revolution : How to Use Rice Pudding, Lego Men, and Other Nonviolent Techniques to Galvanize Communities, Overthrow Dictators, or Simply Change the World*, Spiegel and Grau, 2015）。

の数はぐっと減るはずだ。

ポポビッチによれば、その理由は、大半の人々が日々のこまごまとした心配事に心を奪われながら生活しているためだ。子どもの宿題や買い物、ダンス教室にサッカーの練習、仕事…これらのことがすぐに関心を奪ってしまう。ポポビッチのこの説明は先に述べた議論を、つまり私たちの時間が「生きるために金を稼《かせ》ぐ必要性」と「スクリーン上の気晴らし」によって埋め尽くされているという議論を補足するものと言えるだろう。また、ジョージ・マーシャルの説はさらにこれを補足するものだ。彼は第3章で紹介した著書『考えさえしない―なぜ私たちの脳は気候変動を無視しようとするのか〔未訳〕』の中で、人が大きな不安の種《たね》を抱えたときに生じる脳の働きについて研究している。今しがた述べたように、人間の認識器官は二つに分かれている。一つは、理論、長期的かつ段階的な思考、合理性などをつかさどる左脳、もう一つは、感情、短期的な物事の処理能力、空間把握《はあく》能力、包括的な考察、学習などをつかさどる右脳だ。この二つの「脳」は、受け取った情報を常時秤《はかり》にかけ、最適な対応方法を見つけ出そうとする。大体の場合に問題となるのは、短期的あるいは長期的に見たときの損得計算だ。さて、進化の過程で人間の脳は理性よりも感情を優先するようになったといわれる。理由は単純で、感情をつかさどる脳が危険に対処しようとするからである。車にひかれそうになったらどうするか？　三〇分かけてじっくりと状況を分析したりなどしない。感情をつかさどる脳はアドレナリンを分泌《ぶんぴつ》させ、心拍数と血糖値を上げ、筋肉を緊張させて、目で安全な場所を探させ、足を動かさせ、避難させる。では、もし私が誰かに、「気候変動や種《しゅ》の消滅、組織的な生態系の破壊を一刻も早く止めなければ環境は崩壊し、大災害が起こる」と説いたらどうなるだろう。もし私の話し方が上手《じょうず》で、聞き手に恐怖を感じさせることができたとしたら、危険にさらされたときと同じ逃避の反応が起こる可能性は十分にある。胸が締《し》めつけられ、心拍数が上がり、息が苦しくなるだろう。そしてそうした不快な状態を止めるために、脳はその情報を軽視し、その信憑《しんぴょう》性を疑い、またその情報を忘れることで処理してしまうだろう。もし私の話が退屈で、数字やデータ、研究結果を並べて、聞く人を閉口させたとすれば、話の内容自体が頭から抜けていくだろう。理性をつかさどる脳によって、知ってはいるが信じてはいない数ある抽象的な話の一つとして処理されてしまうだろう。いずれの場合も、行動を迫られる状況になれば脳は提案を天秤《てんびん》にかけ、左右の脳で検証を行う。例えば、二〇年後の子どもたちが気候の安定した世界で生きられることを願って、あなたに飛行機を使わないよう命じたとする。あなたは目先の損（飛行機に乗らない）と、それによって将来得られるかもしれない得とを比較する。というのも、理性をつかさどる脳があなたに語りかけるように、あなた一人の行動が気候に良い影響を与えるとは限らない

Ⅰこれは大まかな説明で、実際には左右の脳に機能的な偏《かたよ》りはあるものの、活動時には脳全体が働いていると二〇一三年に行われた研究により証明されている。「安静時機能的結合ＭＲＩを用いた左脳と右脳の対立仮説に関する評価」(journals.plos.org/plosone/article?id=10.1371/journal.pone.0071275)。

からだ。ましてや、あなたの行動が広まっていき、他の人々があなたに追随《ついずい》していく保証などどこにもない。そこに別の要素も加わってくる。つまり、理性をつかさどる脳は、「国が温室効果ガスの排出を取り締まるほうが効率的だ」――正論ではある――とも囁《ささや》くだろう。また、「あなたが無駄な努力をしているあいだ、他の人は地球の反対側で世界の驚異に触れて感動し、楽しく過ごしている。航空機の運航や団体ツアーは環境汚染を進行させながら金儲《かねもう》けまでしている」とも。これは何も、気候変動について疑いを持つ人に限った話ではない。たまたまあなたが、グアドループ島かマルティニーク島行きの一週間のバカンス・キャンペーン広告を見つけたとしよう。二人で半額だ。二月のパリは寒く、太陽はもう何ヶ月も顔を出していない。仕事には嫌気《いやけ》がさし、疲労がたまっている。目先に見えるこの大きな得と比べて、将来得られるかもしれない得に一体どれほどの価値があるだろう？　第1章で見たロンドン－ニューヨーク間の往復飛行一回につき三立方メートルの海氷が失われるという科学的研究の情報にどれほどの重みがあるだろう？　まったくない。あったとしても微々たるものだ。あなたはその情報をないがしろにし、行くべき理由を一つひとつ数え上げたうえで、結局その飛行機に乗るだろう。同様のことが義母の作る絶品のローストビーフやどうしても手に入れたい新型のスマートフォンにも当てはまる。大抵の場合、脳は私たちの気持ちの安定を保とうとする。欲求不満（消耗させる仕事、恋人との不仲、子育てに奪われる自分の時間）や不安（見通しのつかない将来、金銭面での苦労、不安定な生活）に対しては、心地よく気分が晴れる行為で釣《つ》り合いを取ろうとする。脳は私たちが直面している大きな問題に対して、将来を見据《みす》えた理論的な解決策を見出せるようには設計されていない。多くの場合、私たちは自分にできることなど何の役にも立たないと思っている。自分のやれることは大海《たいかい》の一滴《いってき》にすぎないと思っている。左脳がいくら（私が書いたように）「小さな流れが集まれば大きな河《かわ》になる」と訴《うった》えたところで、実際にそうした体験がなければその訴えは退《しりぞ》けられる。ポポビッチの理論が重要なのはそのためだ。

アメリカの著作家で活動家のジョナサン・コゾルはこれを別の言い方で表している。「世間に影響を与えるほどには大きく、しかも確実に勝利を得られるくらい小さな闘いを選びなさい」[1]。ポポビッチの理論は集団での活動だけでなく、日々の生活にも応用することができる。日本人が「カイゼン」**と名づけた、小さな一歩を積み重ねていく方法に通じるものだ。この方法は工業（時折強引にではあるが）や行動療法に活用され成果を上げてきたと、カリフォルニア大学ロサンゼルス校とワシントン大学の医学部で教鞭《きょうべん》を執《と》るロバート・マウラーは自著『小さな一歩が人生を変える—改善の道[2]〔未訳〕』の中で述べている。これに対して頑固《がんこ》な活動家は、小さな歩みを積み重ねている時間などない、事態はあまりに深刻である、もう手遅れだ、と反論するだろう。しかし時間がないか

*いずれもカリブ海にあるフランスの海外県。バカンスの行き先として定番となっている。

**日本語の「改善」のこと。著者は同名の雑誌『*Kaizen*』の創刊にも参加している。一度に大きな変革を起こそうとするのではなく、日々少しずつ現状を変えていくことで大きな変革を実現するという意味で著者はこの言葉を選んでいる。

らこそ、この取り組み方が肝心《かんじん》なのだ。最初から大きな目標に取りかかって失敗した例は山ほどある。むしろ、小さな歩みや戦略的な目標の積み重ね、勝ち取ることのできる闘いと小さな勝利の連続によって組み立てられた包括的な戦略のほうが、より早く大きな変革へとつながっていく。ロバート・マウラーはこの問題を次のように描く。もし医者が肥満の治療に訪れた患者に、翌日からポテトチップスとファストフードと砂糖を口にするのをやめ、一日一時間の運動をするよう提言したらどうなるか。もちろん患者には、いかに肥満が健康に害を及ぼすか説明し、運動と食事によってガンの発症率が四〇%下がるという研究も紹介し、恐怖心を煽《あお》ったうえで、やせて健康を取り戻すことで得られる長期的な利益を伝えている。一ヶ月後に再びやって来た患者は、言われたことを守らなかっただけでなく、罪悪感に苦しみ、自信を喪失《そうしつ》しているだろう。恥《は》ずかしさと落胆《らくたん》のあまり、病院に来ない可能性もある。さて、そうではなく、最初はテレビを見ながら一日五分の運動をするよう勧《すす》めたとしたら…。患者の目標達成度は格段に高まるだろう。そしてこの小さな勝利を手にした満足感とその手軽さが、やる気と自信を生み、次は一〇分の運動に挑戦しようという気持ちを起こさせるだろう。やがて運動は一五分になり、好きなドラマを見ながら食べていたチョコも我慢《がまん》するようになる。そうして次へとつながっていく。

社会に関わる闘いも同じである。ポポビッチはその著作の中で、目立たない闘いから始まった大規模な勝利の例をいくつも挙げている。

ガンディーは初めからイギリス政府を倒そうと、インドの人々に反乱を呼びかけたわけではなかった。軍事力では敵《かな》わないことを知っていたからだ。彼は塩を取るため、いくつもの村々を越えた先にある海岸を目指して、七八人の仲間と行進を始めた〔一九三〇年のいわゆる「塩の行進」〕。それまで無料であった塩にイギリス政府が税金をかけたことに対する抗議である。彼らはいつまでも七九人のままではなかった。三八五キロの行進を終えたとき、インド洋の海岸には一万二〇〇〇人の人々が詰めかけていた。その後同じような行進は国中に広まっていった。行進に参加した何千人ものインド人が海にたどり着くと、彼らは暴力に訴えることなく、自然がいつも恵んでくれていた塩をただ取っていった。運動の象徴として塩を選んだのは非常に当を得ていた。塩は一部の人間やカーストにではなく、すべての国民に関係している。何百万人ものインド人たちは、大いなる理想のためにではなく、日々の生活に必要不可欠なもののために立ち上がった。八万人の不服従者を投獄した後（ガンディーも九ヶ月間を牢獄《ろうごく》で過ごした）、インド総督は法の適用をあきらめ、これを撤回した。ガンディーはインドの人々に、団結し集団となれば民衆にも力があることを証明して見せた。こうして最初の種が播《ま》かれたことで、さらなる展望を人々に示すことが可能となった。

一方、ハーヴェイ・ミルクがぶつかったのはイギリスの軍事力ではなく、同性愛者に対する偏見《へんけん》と差別だった。カリフォルニア州サンフランシスコに移り住んで以来、彼は同性愛者の権利のためのキャンペーンや運動に明け暮れた。人を惹《ひ》きつけるカリスマ性や知性、演説の才能を兼《か》ね備え、またいくつかの運動で成功を収めてきたものの、当初彼に付いてきたのはごく少数の同性愛者の活動家だけだった。これは非常によくあることだ。私たち活動家は、すでに同じ意見を持つ人たちを集合させる点では優れた技術を持っている。しかし残念なことに、アメリカの中でもとくに進歩的であるはずのサンフランシスコの住民たちでさえ、ミルクが提起したこの問題には関心がないか、または反感を抱いていたために運動に参加しようとはしなかった。それどころか、住民のみならず一部の同性愛者や賛同者の中にさえ不穏《ふおん》な動きが見られた。一九七三年、ミルクが初めてサンフランシスコ市議会議員に立候補した時期、同性愛はまだ精神障碍《しょうがい》の一種か、ひどい場合には犯罪とさえみなされていた。アメリカの有権者にとって、同性愛者が政治に携《たずさ》わるなど想像もつかなかった。よって、最初の選挙は惨敗《ざんぱい》に終わった。一九七五年の二度目の出馬では落選こそしたものの、市政における一定の存在感を示し、市長から行政職に任命された。しかしミルクはあくまで議員を目指し、今度はカリフォルニア州議会議員選挙に打って出た。結果、選挙運動は一定の成果を上げたものの、四〇〇〇票という僅差《きんさ》でまたもや落選した。この三度目の落選の後、彼は戦略を変える。知名度の高い共和党候補者を相手に闘った一九七七年の市議選では、市民全員が関心を寄せるものは何かを模索《もさく》した。世論調査を研究し、あらゆる層の人々が一様に不満を抱いている問題を探った。そうして導き出された共通項は…犬の糞《ふん》だった。黒人も白人も、異性愛者も同性愛者も、共和党支持者も民主党支持者も、若者も年寄りも、サンフランシスコの住民は皆、歩道も靴底《くつぞこ》も犬の糞でべったり汚れているのにはうんざりしていた。街からこの汚物をなくす方策が求められていた。ハーヴェイ・ミルクはこの「隔《へだ》たりを生まない問題」、実用的で実現しやすい目標によって（有権者への媚《こび》だという人もいるだろう）市民をまとめた。取締《とりしまり》法を作り、違反した犬の飼《か》い主には罰金を課すという法案を掲げて広い支持を集め、ミルクは見事当選を果たした。そしてゲイであることを公言したアメリカ初の市議会議員となった。市長の支援を受け、当時すでに「カストロ通りの市長」Ⅰと呼ばれていたミルクは、自身の活動をすべての市民に向けて広げていった。そして性的指向に基づくあらゆる差別を禁止する条例案の提出Ⅱや、同性愛者であることを理由に教師の解雇処分を認める条例案Ⅲの可決を阻止《そし》するなど、一九八〇年代と九〇年代の権利運動家たちに多大な影響を与えたⅣ。

ポポビッチの伝える物語の中には、食品が重要な役割を果たしている事例も多数ある。イスラエルの正統派ユダヤ教徒で保険販売員であるイツィク・アルロフの物語もその一つだ。政府の強引《ごういん》な民営化政策〔二〇一一年〕に端《たん》を発する生活費の高騰《こうとう》に憤慨《ふんがい》した彼は、フェイスブック上でカッテージ

Ⅰサンフランシスコの有名なゲイタウンで、ミルクもそこに住んでいた。

Ⅱ一九七八三月二二日付のニューヨーク・タイムズ紙は「サンフランシスコにて同性愛者の権利法案提出」と題した記事の中で、「国内で最も厳格で包括的な条例」であると報じている。

Ⅲカリフォルニア州法条例案六。

Ⅳ暗殺により、ゲイの殉教者《じゅんきょうしゃ》として彼の名がよりいっそう深く歴史に刻《きざ》まれたことも忘れずに記しておく。

チーズの不買運動を呼びかけた。どの家庭にもあるこの食品は、国が突如《とつじょ》補助金を打ち切ったことで価格が倍に跳《は》ね上がっていた。不買運動のブログやメディア、ソーシャルネットワーク上での広がりに加え、カッテージチーズを扱う大企業の思慮に欠ける言動や、このチーズを包む小さな丸い容器という具体的でわかりやすい目印の効果もあり、この運動は数ヶ月のうちに何十万人もの人々に広がり、企業を屈服《くっぷく》させるに至った。企業側は、日々の糧《かて》であるフレッシュチーズの値段を八シェケルから五シェケル〔一シェケルはおよそ三〇円（二〇一九年現在）〕へと引き下げざるをえなくなった。そしてこの最初の勝利が、イスラエルで最も大きな社会運動の一つ*へとつながっていった。同様の例として、南アジア、モルディブ共和国の革命家たちも、ライスプディング〔牛乳とコメで作った甘いプディング〕（こちらも生活に欠かせない食品である）の配給活動を通じて集会禁止令をすり抜けた。政権を覆《くつがえ》すことになる革命〔二〇〇八年、マウムーン・アブドル・ガユーム政権の終焉を指す〕は、軍が監視する配給待ちの行列の中で形づくられていった。

トランジション・ネットワークの創始者ロブ・ホプキンスも、イギリスでトランジション・タウン（街の移行）運動に取り組むグループがいかに人々の関心を集めるのに苦心したかについて語っている。[3] 彼らはある日真剣にこう考え始める。「この小さな街の住民たちをまとめられるものは何か。すべての住民たちがあまねく関心を寄せるものは何か。地球温暖化？ それとも石油供給量のピーク？」。そのいずれも、人を広場や講習会に集めるだけの力にならないことは明白だった。だがひょっとして、ビールならそれができるのでは？ こうして地ビールの醸造所《じょうぞうしょ》を造る計画が始まった。すると、吸《す》い寄せられるかのようにみるみる人が集まってきた。グループのメンバーたちは資金調達を行うことに決め、住民から出資を募《つの》った。この最初の成功の勢いに乗って、彼らは食、エネルギー、経済の地域化に取りかかり、それが現在のトランジション運動へとつながっていった。多くの人々が参加できる小さな目標を立てることで、革命家の卵たちは最初の勝利を摑《つか》み取った。その勝利は彼らに、さらに大きな目標に挑《いど》むときに欠かせない自信と勢いをもたらした。

この最初の段階を乗り越えたなら、大規模となったその運動を最後まで推《お》し進める必要があるだろう。その方策としてポポビッチが掲《かか》げるのが次の九つの原則である。

一　大きく描き、小さく始める。
二　多くの人が共有できる「明日のビジョン」を持つ（この本ではそれを「物語」と呼んでいる）。
三　権力を支える土台を突き止める。
四　ユーモアを活用する。
五　圧制の手段を逆用する（例えばメディアに強い影響力を持つ人に接触し、世論を覆すなど）。
六　運動を構成する様々な種類のグループをつなぎ合わせる（成功する運動は、普段は顔を合わせることのない多種多様な人々によって構成されている）。

＊二〇一一年七月に発生した、住宅価格や生活費の高騰《こうとう》を背景とする政府への経済改革要請運動。

七　目標を正しく設定し、段階ごとに詳細《しょうさい》な戦略を立てる（大きな勝利とは小さな勝利の積み重ねである）。
八　非暴力の手段を選ぶ。
九　初志を貫《つらぬ》く。

この九つの原則の中身についてはポポビッチの先の著作に詳《くわ》しく書かれているので、ここではそのうちのいくつかについて言及するにとどめたい。

まずは第三の原則「権力を支える土台を突き止める」について。ある体制を覆そうとするのであれば、相手がいかに強力であろうと、その体制の土台となっているものをしっかりと理解し、最適な戦略を立てて行動する必要がある。現在の社会の土台をなす自由主義や資本主義は何によって支えられているのか。これについてはすでに何度も言及してきたのでここでは簡単に触《ふ》れるだけにするが、概《おおむ》ね三つの土台を挙げることができる。

一つ目の土台は経済と資金力（＝金）だ。資産家や多国籍企業、巨大銀行や権力者たちが社会の方向を定め、政治全体の動きを停滞させることができるのは、ひとえにその潤沢《じゅんたく》な資金力のおかげである。グーグル、アップル、アマゾンやその中国版巨大企業はあらゆる領域において、世界の大統領や首相を合わせたよりも大きな影響力を持っている。貨幣創造の仕組み（構造）は、富の所有者がこの図式の中で自分の資産を守るのにきわめて重要な役割を果たしている。

二つ目の土台は情報伝達と物語だ。これまで述べてきた通り、有権者がいつも同じ政党に票を投じたり、現行の民主主義を追認したり、大企業の製品を買い続けたりするのは、その大多数が常に同じ物語を支持しているからだ。そしてこの物語を支え、強固なものにしているのが、メディア（フランスではその大部分が一〇人の資産家の手中にありI、繁栄の土台となった物語の継続に力を注《そそ》いでいる）、文化産業、情報伝達手段であり、また人々の関心を引き、大量の広告を浴びせ、娯楽を提供し、最終的には私たちの選択を誘導しようとするウェブ設計とアルゴリズムからなる構造である。本書ではあまり触れなかったが、映画もまた大衆文化として根づいて以来、この土台の核をなす重要な役割を果たしてきた。ゲッベルス〔ナチスドイツの宣伝相〕は人々をナチズム礼賛に導くために大いに映画を活用した。感情が理性に勝ることをよく理解していたヒトラーは次のように言っている。「宣伝《プロパガンダ》の秘訣《ひけつ》は大衆の想像力を掻《か》き立てることだ。人々の感情に訴え、大衆心理に働きかける最適な方法を見つけ、関心と心を摑《つか》む。[…] その点において、映画を含む視覚情報は強力に作用する。理性を働かせずとも、見ているだけでよいからである」。スターリン〔ソ連の独裁的指導者として第二次世界大戦中は打倒ナチスドイツを主導〕も同様のことを言っている。「映画は大衆を扇動《せんどう》するための最も有効な手段である。唯一の課題は、

I 彼らの影響は新聞の購読者の九〇%、テレビ視聴者の五五%、ラジオ聴取者の四〇%にも及んでいる（www.bastamag.net）。

これを手放さずにしっかりと掌握《しょうあく》しておけるかどうかだ」。第二次世界大戦後、このことを知り尽くしていたアメリカ人は、映画をマーシャル・プラン〔欧州復興援助計画〕の交渉事項に盛り込んだ。一九四七年のことである。この年、アメリカ商工会議所とアメリカ映画協会の両組織の会長を務めていたエリック・ジョンストン（この二つの役職を兼務していたという事実自体が興味深い）がマーシャル・プランの交渉のためにフランスへ派遣《はけん》された。彼はヨーロッパが必要としていた何十億ドルもの経済再建費用と引き換えに、ヨーロッパにおける映画上映権の六〇％を要求した。コカ・コーラ、ジーンズ、スーパーマーケット、車、郊外の戸建て住宅、極端な消費主義、アメリカンドリーム…、これらのアメリカ文化を植えつけることが狙《ねら》いであった。また彼は下院非米活動委員会〔共産主義の取り締まりを行っていた下院委員会の一つ〕でこうも述べている。「アメリカ映画は共産主義《コミュニズム》と戦うための、今後ますます重要になる武器である」。それが資本主義に利することは言うまでもない。[4]

さて、権力を支える三つ目の土台は抑止力《よくしりょく》〔＝軍事力〕だ。国は軍事力や警察力、あるいは民衆を監視し自由を制限する措置《そち》によって、革命運動や改革運動を鎮圧《ちんあつ》することができる。通常は独裁政権下で起こることだが、こうした動きはフランスの「屈しない夜《ニュイ・ドゥブ》」*やアメリカの「ウォール街を占拠せよ」**といった運動の際にも――もちろん規模は比較にならないものの――垣間見《かいまみ》られた。この二つの運動の鎮圧には警察による弾圧や自由を制限する措置（同時多発テロ〔二〇〇一年の9・11事件〕後に制定されたアメリカの愛国者法のように法律化されたものもある）[5]が、後述する戦略性の欠如《けつじょ》〔運動する側のそれ〕と相まって、少なからぬ影響を与えている。エドワード・スノーデン〔一九八三―、元アメリカ中央情報局（ＣＩＡ）、アメリカ国家安全保障局（ＮＳＡ）の情報分析官。国家機密漏洩（ろうえい）などの容疑で逮捕命令が下され、ロシアに亡命〕により暴《あば》かれた、アメリカ国家安全保障局（ＮＳＡ）という強大な機関による情報収集の実態とその用途を思えば、どんな未来が待っているかの想像はつく。今や他人のメールや電話、ショートメッセージ、ソーシャルネットワークのメッセージにアクセスすることなど極めて容易にできる。それどころか遠隔《えんかく》操作でパソコンやスマートフォンのマイク、カメラにアクセスし、言動を監視したり動画を撮影したりすることさえ可能だ。中国では、人口知能（ＡＩ）による顔認証システムと組み合わせた一億七〇〇〇万台の監視カメラが設置されており、どこにいようがプログラムにより数秒で「容疑者」を特定し、追跡することができる。[6]中国政府は二〇二〇年までに六億台の設置を予定している。加えて中国警察は少し前から同様の機能を持つメガネも導入している。[7]一番安価なモデルの単価は五一五ユーロ〔約六万円〕で、アメリカと日本が購入した。すでに電話のＩＣチップやスマートフォンの位置情報システムの導入により、個人の居場所を特定することは世界中で可能である。数年前からは皮膚《ひふ》の下に埋め込むコメ粒大《つぶだい》のマイクロチップも実用化されている。このチップの用途はデータの保存（診療記録、身分証明書、会員証）

＊二〇一六年三月、労働法改革に反対してフランスのパリを起点に始まったデモ。レピュブリック広場で夜通し行われたことからその名が付いた。

＊＊二〇一一年九月、格差拡大に抗議して行われたデモ。ウォール街のズコッティ公園で行われた。

をはじめとして、支払い（電子マネーのように使用することができる）や医療（ペースメーカー、血液検査、血圧測定器など）、そしてスマートホーム*との連動（電気を点ける、オーディオの電源を入れる、ドアを開けるなど）にまで広がっている。アメリカのオンライン決済《けっさい》大手企業ペイパルは、一度飲み込んでしまえば以後パスワード入力が不要な認証装置を発表した。「皮膚の下に装置を埋め込めば、追跡だけでなくハッキングの対象ともなりうる」と話すのは、一週間かけて実証実験を行ったフランス人ジャーナリストのギヨーム・グラレだ。[8] つまり、革新的な発明とみなされる技術が、この上ない統制の手段ともなりうるということだ。もし銀行がある日突然あなたの口座を凍結したら…、もし保険会社がある日突然あなたの保険料金の値上げや契約解消を決めたら…、もしあなたがある日突然政府から反体制派とみなされ国境のパスポート検査で拘束《こうそく》されてしまったら…、どうなるだろうか。ハッカーはペースメーカーの乗っ取りにも成功している。ある日突然「電源を切られてしまう」恐れもあるということである。統制と弾圧の手段としてこれ以上のものはないだろう。

「金」と「物語」の二つの土台に対抗するための戦略についてはすでに述べた〔本書第5章参照〕。「軍事力」というもう一つの土台に対しては、ポポビッチが非暴力と数による戦略を提唱している〔第八の原則〕。暴力での闘いになれば、いかなる対抗グループといえども軍や警察に太刀《たち》打《う》ちすることは難しい。「非暴力の闘いにおける唯一の武器は数である」とポポビッチは書いている。非暴力は人々を結集させる最も有効な手段なのだ。インドの女性活動家ヴァンダナ・シヴァは次のように語る。「私たちは優秀ではあるけれども、いつまでも人数の少ない地下活動グループのままであってはなりません。運動に参加する人の輪を広げるには、非暴力の手段を選ぶことです。大部分の人は暴力も混乱も望んではいないのですから」[9]。事実、（一時的にではあるが）アイスランド、エジプト、チュニジア、インド、セルビア等の革命運動を勝利に導き、あるいはマーティン・ルーサー・キング牧師のアメリカ公民権運動を結実させたのは、大勢の人々を結集させた非暴力の戦略である。そうした優れた戦略については、ジーン・シャープ〔一九二八－二〇一八、アメリカの政治学者〕の手になる非暴力革命の大著『独裁体制から民主主義へ──権力に対抗するための教科書』〔瀧口範子訳、ちくま学芸文庫、二〇一二〕の中で取り上げられている。この著作はポポビッチたちにも多大な影響を与えた[10]。

ポポビッチが提示した九つの原則のうち、第七の原則「目標を正しく設定し、段階ごとに詳細な戦略を立てる」および第九の原則「初志を貫《つらぬ》く」についても簡単に触れておきたい。このセルビア人革命家によれば、多くの運動は目標設定の誤りや統率の欠如《けつじょ》による行き詰まりが原因で、革命に至る前に失敗している。「アラブの春」は目標設定を誤った典型的な例である。街で発生した数々

＊家庭内にある電化製品などをネットワーク化し、端末や音声によって機器の操作ができる住宅。

の民主化運動はどれも独裁者の打倒を目標に掲げていたが、それは通過点にすぎず、運動の真の目的は国に民主政治をもたらすことだったはずである。ところが運動はその手前で止まってしまった。「その後」の戦略は用意されていなかった。ムバラク〔エジプトの元大統領〕とベンアリ〔チュニジアの元大統領〕を倒した後には何の戦略もなかった。「自然は真空を嫌《きら》う」〔アリストテレスの言葉〕という言葉通り、空席となった権力者の座に就《つ》くのはいつも最も結束力《けっそくりょく》のある組織である。エジプトでは（軍事政権が再び台頭するまでのあいだ）ムスリム同胞団《どうほうだん》が権力を奪取《だっしゅ》し、チュニジアでは西欧諸国が権力を握った。チュニジアのモンセフ・マルズーキ新大統領の内閣の一人と個人的に会談する機会を得た折、彼は任命直後の内閣の混乱について打ち明けてくれた。誰一人何をしたらよいかわからなかったそうだ。為《な》す術《すべ》を知らない政権に政策を「吹き込んだ」のは西欧諸国であり、その先頭にいたのがフランスだった。

「ウォール街を占拠せよ」とその弟分の「屈しない夜《ニュイ・ドゥブ》」は行き詰まりの典型的な例だ。始まりは電《でん》光石火《こうせっか》のごとくだった。若者が広場を埋め尽くしたのは数十年以来のことであり〔一九六八年五月に起こった学生運動（パリ五月革命）を示唆している〕、彼らはこの運動によって社会について対話し考察する場を作り、新しい形の議論のあり方、民主主義のあり方を実践で示した。しかし戦略の欠如により、運動の勢いは失われていった（もっとも、あらゆる監視から解放されるためにはそれが望ましかったのではあるが）。運動には考察や一体感が、そして熱情と決意を絶やさないための「行動」や「勝利」が不可欠である。その点で彼らの運動は、寒さの中での絶え間ない議論や警官隊による襲撃、不便な集団生活が生み出す消耗など、事前に対策を練っておくべき大きな障害の存在を見落としていた。どのような闘いや抗争であれ、勝利を手にするのは常に結束力を最も発揮できた側の組織である。それは経済にも当てはまる。多国籍企業は大体が高い組織力を持ち、よって小さな商店の集まりよりも強力である。同様に警察や軍はデモ隊よりも統率《とうそつ》が取れているし、ウォール街やブリュッセルのロビー団体はＮＧＯよりもはるかに統率が取れている。

しかも、「ウォール街を占拠せよ」や「屈しない夜《ニュイ・ドゥブ》」は明確な「明日のビジョン」を持っていなかった。この二つの運動は「新しい物語」を投げかけるというよりは、現行の体制への反発や批判という意味合いが強かった。始まりが自然発生的であっただけに、誰も権力の牙城《がじょう》を突き崩すという最終目標に到達するための戦略を、つまり達成可能な目標の一つひとつの積み重ねからなる詳細な戦略を立ててはいなかった。あるいは誰かがそれを試みたかもしれないが、実行の段階で失敗してしまった。

結局、初期の大きな熱狂が落ち着いた後の集会拠点《きょてん》（ニューヨークはズコッティ公園、パリはレピュブリック広場）を見渡してみると、参加者の顔ぶれが一様であることに気づかされる。もちろんそこには母親たちや年金受給者もいれば、様々な職業を持つ若者の姿もあった。しかし少なくともレピュブリック広場に集まった人の多くは、活動家気質の強い中流階級の白人であった。この二つの運動は、社会を構成する多様な要素――貧しい地区の住民、裕福な地区の住民、信仰心の強い人々、労働組合など――をつなぎ合わせるには至らなかった。

そしてこうした傾向は、気候変動、生物多様性、平等を旗印《はたじるし》とするほとんどの運動に当てはまる。その戦略は概《がい》して範囲の限られた部分的なものにとどまり、時に注目を集めるとしても長期的な見通しは持っていない。リーダーはおらず、ましてや政治家、企業、市民による連携を生むことはまずない。

対照的なのは、社会のより多くの層に呼びかけたスペインの「怒れる者たち」による15M運動*である。この運動の主導者たちの一部は早いうちから政治に矛先《ほこさき》を向けていた。その舞台を作ったのは選挙で頭角を現し始めたポデモス党〔15M運動から二〇一四年に結成された政党〕であり、反旗《はんき》を翻《ひるがえ》し勢いに乗るスペインの諸都市であった。バルセロナ、マドリード、バレンシア、サラゴサ…、女性市長も多いこれらの都市は、画期的な政治改革に乗り出すことができた[11]。

ここでまた一つ、どの程度の規模で変化の戦略を実行するかという新たな問いが浮かんでくる。国よりも街単位のほうが素早く変化でき、文化的「革命」の場になる。このような考え方は真剣に構築すべきフィクションであるように思える。アメリカがパリ〔気候〕協定の離脱を表明したとき〔二〇一七年六月一日〕のエピソードがまさにそれを例証している。

愚《おろ》かで未熟な大統領〔＝トランプ〕が、（まるで気候変動が国境で止まるかのように）「私はパリ市民ではなくピッツバーグ市民を守るために、そして世界の人々ではなくアメリカ国民を守るために選出されたのだ」とうそぶくと、すぐさまアメリカ国内の何十人もの市長や州知事がこれに反発し、自治体単位でパリ協定を遵守《じゅんしゅ》することで、さらにその先を目指すと発表したのである。現在すでに数十都市と三つの州（ワシントン州、カリフォルニア州、ニューヨーク州）がこれに参加を表明し、参加自治体全体の住民数は六八〇〇万人にのぼる〔二〇一九年一二月現在、二五の州が参加〕。この自発的な運動に並行して、同様の歩みを見せる別の運動も現れている。ロサンゼルス市長は「気温上昇を運命の二度以下に」を目標に掲げる自治体ができる限り結集できるよう「アンダー2」連合を発足させた〔二〇一五年〕。現時点で六大陸三五ヶ国からなる一七五の自治体が参加している。参加自治体全体の住民数は一二億人に達する。C40[I]の議長アンヌ・イダルゴ〔二〇一四年よりパリ市長を務める。C40議長在任二〇一六－二〇一九〕は、社会・環境問題への積極的な取り組みに乗り出した世界の大都市（現在ではおよそ九〇都市）の力強い市長たちをまとめる中心人物だ。このC40のもとで、二〇一七年一〇月二三日にはパリ、ロンドン、バルセロナ、

＊二〇一一年三月一五日に始まった市民運動。経済危機と高い失業率が背景にあり、「ウォール街を占拠せよ」などの運動の先駆《さきが》けとなった。

I 世界大都市気候先導グループ（C40）とは、気候変動に対抗するため世界の四〇都市が集まり二〇〇五年に設立されたグループで、現在では九〇都市が加盟している〔二〇一九年一二月現在、九四都市〕。

キト〔エクアドルの首都〕、バンクーバー、メキシコ、コペンハーゲン、シアトル、ケープタウン、ロサンゼルス、オークランド、ミラノの一二都市が、二〇三〇年までに大部分の交通を「排出ガスゼロ《ゼロエミッション》」にすると表明した。[12] パリは二〇五〇年までに、二酸化炭素の排出量と吸収量との収支を帳消しにするカーボン・ニュートラルな都市を目指すと発表した――そこではその根拠となる詳細な研究が公表され、数十年後の首都の姿について具体性のある物語が示されている。[13] オスロやストックホルム、サンフランシスコ、シドニー、横浜、ベルリン、リオ・デ・ジャネイロ、ロンドンをはじめ他の多くの都市もまたカーボン・ニュートラル都市同盟に加盟し〔二〇一四年発足、二〇一九年一二月現在二二都市〕、温室効果ガスの排出量を今世紀半ばまでに八〇％から一〇〇％削減《さくげん》する目標を打ち出している。[I] この目標に要する資金を調達するために、加盟都市の一つであるニューヨーク市は二〇一八年一月一〇日、大手石油会社のエクソンモービル、シェブロン、ＢＰ、シェル、コノコフィリップスを相手取り、気候変動によって市が受けた損害の責任をこの五社に求める賠償請求訴訟を起こした。同時にニューヨーク市とニューヨーク州は化石燃料関連企業からの投資引き揚げを開始し、その額は二〇二二年までに五〇億ドルにのぼるとみられている。ＮＧＯの350.orgによれば、世界の八〇〇を超える機構（行政、宗教団体、慈善《じぜん》団体、大学、文化機関など）がすでに化石燃料への投資を取りやめ、六〇億ドル以上を別の分野（エコロジカルな分野であったことを期待したい）に投入した。[14]

世界人口の半分以上が都市に集中している。国連の報告書によれば、そこで発生する温室効果ガスは排出量全体の七〇%を占めると考えられている。この問題における都市の役割と影響力は極めて大きい[15]。

今やこれらの都市はばらばらに行動するどころか、結束して足並みを揃《そろ》え、共同の運動に着手し、新たな統治体制を築き始めているともいえるだろう。それでは、もしこれら都市が国を介さずに実際にそうした統治体制を築き上げたとしたら、どうなるだろうか？

各都市が政治的自由を保持しながら、共通の大きな目標に向けて手を取り合っていく新たな体制。そのような柔軟な都市同盟が成立すれば、麻痺《まひ》状態に陥《おちい》りがちな国家レベルでの取り組みよりも、効率よく社会を変えることができるのではないか。このことは真剣に考えてみる必要がある。結局のところ何が国を縛《しば》りつけているのだろうか？　すべての国民を満足させることができないという現実、多国籍企業とロビー団体の並外れた影響力、制度に関わる対応の鈍《にぶ》さ、政治家と有権者の断絶、市民の無関心といや増す不信感…おそらくそのすべてだろう。反対に、街や主要都市、都市圏は行動力に富んでいる。政治家は自分の住む地域のために働き、投票する住民もより直接的に地元の政策決定や実施プログラムに関わることができる。国政レベルに比べると政治家、市民、企業の連携ははるかに取りやすい。その結果として、より大胆な政策にも取り組むことができる。この二

I　提示された解決策の多くは持続可能とは言い難い技術的進歩（デジタル、ハイテク、太陽光パネル）に依拠《いきょ》しているものの、意志は示された。残る課題は、前述した共生経済のような仕組みへの移行に向けた改革である。

○年間を振り返ると、サンフランシスコやパリやコペンハーゲンの住民の生活をより大きく変えたのは、国政と地域政治のどちらであったろうか？　もしかすると、国は機構や安全、社会保障や平等維持のための役割を担い、地域は社会改革の場としての役割を担うというフィクションなら構築可能かもしれない。いずれにせよ、さらに踏み込んで追求するに値するフィクションである。

活動家以外の人々に広く呼びかけること、運動体としての機能を形成していくこと、協力関係を生み出していくこと、これらがいかに重要かをこれまで見てきた個々の事例を振り返って改めて確認しておきたい。私たちの社会は過去何世紀にもわたり、少数の結束した権力者がまとまりのない何百万人もの人々を支配するという構図の上に成り立ってきた。だからといって、あきらめてはならない。例えばインターネットの力で大きな集団を形成すれば、私たちにも社会、政治、経済の構造を劇的に変えることができる。ただしそのためには、「協力」と「利他」を軸《じく》とするフィクションを創り出す必要がある。

7 選択のとき

ある意味で、私たち人間が向き合っている問題は限りなく精神的なものである。人間が地球上に存在することにどんな意味があるのか。あらかじめ決められた、私たちの理解を超えた至上の意味があるのか。生命を形成させ、すでに敷《し》かれた進化の道へと導く見えない大きな力が存在するのか。誰にもわからない。もしかしたらそういう力が存在するのかもしれない。生命や無限小、無限大の世界の研究は、科学者たちを謎《なぞ》と驚嘆《きょうたん》に満ちた深淵《しんえん》へと案内する。雪のかけらを間近《まぢか》に観察するだけで、自然の完璧さに出会った私たちの祖先がどれほど驚嘆と畏敬《いけい》の念を抱いたのかを知ることができる。以来人間は、どれも同じくらいに複雑で創造的な自然の諸活動の力について、あるいは宇宙という人知を超えた無限の構造の起源について探求し続けている。人間が作り上げてきたもののほとんどは、こうした探求を知らず知らずに続けてきたことの結果である。自分たちが何者で、どこから来て、どこへ向かおうとしているのか、それを知りたいという抑《おさ》え難い欲求の結果である。人間が有限の存在であるという事実を自覚することは、私たちを一種の錯乱状態に陥《おとしい》れる。死ぬと知りながら、なぜ私たちは生きる力を獲得することができたのか。人間の持つ特性——思考、熟慮《じゅくりょ》、意識、その延長上にある言語——は、最近の研究[1]がいうようにウイルスによってもたらされたのか、それとも進化の過程で偶然獲得されたのか、はたまた神の思《おぼ》し召《め》しなのか。ある種の宗教的神話が古来から伝えてきたように、人間は他の種《しゅ》に対して特別な責任を付与された存在なのか。いかなる科学的な発見もいまだ答えを出せていない。その代わり、言葉を持った人間は、それらの意味を様々な形で生み出すことができる。宗教的伝統や政治体制はそれを何世紀も昔から行ってきた。資本主義、実利主義、消費主義の伝道者たちも、今では崩壊間近にある現代の文明を世界中に広めるためにそれを行ってきた。現在、トランスヒューマニズム〔超人間主義〕の支持者たちは、生物学的な死を乗り越えようと、マイクロチップや電極によって脳の活性化と脳機能の向上を図る新次元の意識の獲得を目指し、ホモ・サピエンスには想像もつかない超人像を吹聴《ふいちょう》しながら、それに取り組んでいる。そして環境や人権の運動体もまた、人間が自然と共存し、自然に学び、自然から新たな創造性を授かることで生物全体の調和と均衡の取れた世界を想像できるよう、その道を切り開こうとしている。

私たちは今、選択を迫られている。おそらくは人類の短い歴史の中でも最も重要な哲学上の岐路《きろ》に立たされている。これから人間は一体どんな「物語」を育んでいくのか。

その問いに答えるためには、「物語はどこから生まれてくるのか」と問うてみる必要があるだろう。私たちが声を上げ宣言すれば、それが物語になるのか。それとも物語は私たちの中から、つまり記憶や無意識を形成し五感を満たしている刺激や、知的、感覚的な経験の集積といったものから生まれてくるのか。もし後者なら、今後私たちにはどのような刺激、経験が必要なのかを選択していくべきではないか。私たちの身体が知覚するための器であり、そして私たちを取り巻く環境が絶え間ない運動の場であるとすれば、どの環境の中に身を置くかという選択は無意味なことではない。地下鉄の轟音《ごうおん》、スクリーンの点滅、排気ガスに身をさらし、無数の連絡回路から流れ込んでくる情報で頭をいっぱいにして都会の狂騒を歩き回り、感性、創造性、自由意志を求められない仕事でへとへとになる…そういった環境から今とは違う世界像が浮かび上がるとはとても思えない。私たちに必要なのは静けさだ。常に呼吸を感じ、身体の声に耳を傾けることだ。口にする食物に注意を向けることだ。自然に分け入り、樹木や大地、広大な空に接することだ。この地球上で私たちのすぐそばに暮らす生き物に出会うことだ。生き物だけでなく、私たちとは異なる文化や世界観を持つ人々に出会うことだ。スクリーンを通した仮想経験しかせず、絶え間なく押し寄せる情報の波にさらされていたら、共感する力も他者を理解する力も、ほとんど身につけられはしないだろう。近年、私たちの「自動的な思考機械」を自分の意志で自覚的に止めることの効用を説く研究や、呼吸、瞑《めい》想《そう》、散歩、詩、絵画など、感覚と集中が同時に必要とされる行為を通して「今この瞬間」に深く入り込むことの効用を探る研究が増えている。静けさが生む満ち足りた時間に身を置くことなくして、人類の歴史《イストワール》――一人ひとりの物語《イストワール》、私たちが語る物語《イストワール》――を新たな方向へ導くための活力も展望も到底得ることはできないだろう。人間は自然の外にいる存在ではない。人間もまた自然である。私たちの身体そのものが驚くべき生態系であり、他の生物全体と分かち難く結ばれている。二一世紀の始まりにようやく人間はこの確固たる事実を再発見し、長い昏睡《こんすい》状態から目覚めたように見える。電波や光の制御、機械・マイクロチップ・アンテナによる脳への接続、超高速度による間断ないデータの送信、そういった技術の開発に注がれる熱意と比べて、これまで私たちは、自己の内面にはほんのわずかしか向き合ってこなかった。だが近年、精神科医や科学者、宗教家たちがようやくこの問題に取り組み始めた。ジョン・カバットジン博士〔一九四四―、アメリカの医学博士〕は一九七九年よりアメリカの病院でマインドフルネス瞑想（禅《ぜん》を手本にした非宗教的な瞑想）を取り入れている先駆者の一人だ。今ではアメリカのおよそ三〇〇ヶ所の施設で瞑想を指導している。フランスの精神科医クリストフ・アンドレ〔一九五六―〕もパリのサンタンヌ病院でこのマインドフルネス瞑想を治療に応用している。彼らをはじめとする多くの実践研究者が、瞑想効果によるストレスや不安の軽減、消化の促進、心拍数の安定といった変化を証明している。瞑想の持続的実践によって抗不安薬を必要としなくなった患者もいる。ニューヨーク警察も警官を対象とする瞑想訓練を導入し、驚くべき成果を上げている。[2]

チベット仏教のフランス人僧侶《そうりょ》マチウ・リカール〔一九四六─〕はその示唆《しさ》に富む著書『利他主義の擁《よう》護《ご》〔未訳〕』〔巻末原注第1章2参照〕の中で、瞑想によって得られた効果について様々な国での事例を紹介している。そして幾多の科学的な研究と照合したうえで、人間は本来利己心よりも利他心のほうが強いこと、しかもこの生来の傾向は日々の訓練によってさらに伸《の》ばせることを実証的に説いている。脳の可塑《かそ》性〔状況に応じて変化していく力〕についての研究が明らかにしたところによれば、瞑想を日々習慣的に行うことで、ある種の感情に反応する脳の部位は増大する。実際、有志の参加者が毎日二〇分間「他者を思いやる瞑想」を行ったところ、わずか四週間で脳機能の変化と行動の変化――協力、思いやり、助け合いの傾向が強くなった――が見られ、さらには共感や母性、広くいえば肯定的感情を抱くときに活発化する脳の部位の質量が、わずかながら増大するという構造的な変化まで観測された。ウィスコンシン大学のリチャード・デビッドソン教授は、四歳と五歳の子どもを対象に「同情と思いやりの気持ちを高める訓練」を実施した。三〇分のトレーニングを週に三回、一〇週間行ったところ、子どもたちの他者を思いやる行動は目に見えて増加した。これについてマチウ・リカールは次にように書いている。「利他主義は経済という短期的な時間軸、人生の質という中期的な時間軸《じく》、環境という長期的な時間軸を結ぶアリアドネの糸*である。この三つを包括することのできる知の構造は、利他主義を措《お》いて他に存在しない」[3]。まさに新しい物語の出発点は、こうした共感や同情を、地球の反対側で生きる会ったこともない人や動物、生物圏全体へと広げることのできる人間の力にかかっている。「自分がされて嫌《いや》なことは、他人にしてはならない」あるいは「憎むべき行為と感じたことは、他人にしてはならない」とも訳される、この人間性をかたどる金言《きんげん》ともいうべきヒレル〔紀元前後のユダヤ教の律法学者〕の黄金律《おうごんりつ》も、他者の運命に心を動かされることがなければ耳には入らない。スクリーン越しに世界と接し、自然を根こそぎにした無味乾燥《むみかんそう》な都市に住み、スーパーに並ぶきれいな箱詰食品を産地も製造法も気にせず口にし、極度に分業化された仕事をこなし、車、地下鉄のトンネル、建物に閉じこもるような毎日は、私たちの感覚を徐々に鈍《にぶ》らせていく。そのような生活を送る人にとっては、手元にあるスマートフォンの原料（レアアース）を採掘するために搾取《さくしゅ》される中国の鉱山夫《こうざんふ》のことなど、概念《がいねん》上の存在にすぎない。伐採《ばっさい》されるアマゾンの森林のことも、虐待《ぎゃくたい》され、屠殺《とさつ》場で解体される動物のことも、彼にとっては皆同じだ。直接目の当たりにすれば耐え難い現実だろうに、何千キロも離れた場所で加工されたもの——なめらかな曲線美を持つｉＰｈｏｎｅ、チーク材で作られた書棚、食欲をそそるハンバーガー——なら、それを見ないで済むから平気だ。現実を歪《ゆが》めているこの状況を変えるには、習慣から脱却する訓練が必要になる。そのためには、これまで取り上げてきた（それ以外にも数多くある）方法が有効となるだろう。この意識の保健衛生は[4]、私たちの日々の健康生活や運動習慣と同様これから何十年先のことを考えるために、また「箱の外に出る」（To think out of the box）[I]方法を探るために、これまでになく必要とされているように思われる。

＊ギリシャ神話。アテナイの英雄テセウスは、彼に恋したアリアドネの援助により糸玉を与えられ、それをたどって怪物ミノタウロスの迷宮から脱出することができた。

I To think out of the box とは英語の表現で「枠《わく》や指針や環境などに囚《とら》われずに考えること」を意味する。

さて、これから?

「どうする?」

「どうやればいい?」

「まだ間に合うのか?」

「何とかするのは政治家の役目だ!」

「政治家に期待しちゃいけない。変化は私たち市民が起こすのさ」

「一人で瞑想《めいそう》したって多国籍企業の破壊は止められない」

「私たちの時代はもう終わった。世界を変えていくのは若者たちだ。教育に力を注ぐべきだ」

「成金《なりきん》活動家のオーガニックと美辞麗句《びじれいく》が何の役に立つ。そんなものは金儲《かねもう》けとさらなる体制の強化にしかならない」

「急進派の活動家は砂漠の真ん中で正義を振りかざしていればいい。誰も付いては来やしない」

「テクノロジーが人間を救う」

「テクノロジーは人間を奴隷《どれい》にする」

「ここで何をしようが変わりはしない。環境汚染の原因は中国だ」

「西洋人はこれまで好き勝手やっておきながら、私たちの発展については非難するのかね？」

「ニコラ・ユロ〔一九五五－、フランスのエコロジスト、元環境連帯移行相〕が八台ある車を手放して、ヤン・アルテュス＝ベルトラン〔一九四六－、フランスの写真家・映画監督・エコロジスト〕がヘリコプターからの撮影をやめるなら、喜んでエコロジストになるよ」

私たちは延々と堂々巡りと責任の押しつけ合いを続けている（少なくともこの問題を真剣に考える人たちは）。誰かが代わりに行動してくれるのを待ちながら。

だが現在の状況は明瞭である。

取り返しのつかない状況に至るまでに、一体どれだけの時間が残されているか。誰にもわからない。その一方で私たちは、いくつかの世代交代によって社会がおのずから変化していくのを待つ余裕などないことを知っている。今すぐ行動し、大規模な変化を起こさなければならない。本当の革命、真の変革を起こし、社会を一変させなければならない。社会の仕組みを根本から見直すことのない個別の施策（原子力発電から風力発電への切り換え、化学合成農薬から有機栽培のために認可された農薬への切り換え、など）では意味がない。あらゆる仕組みが相互に支え合う包括的な考え方を取り入れなければならない。そのためには経済、農業、エネルギー、教育、民主主義のあり方を一から見直さなければならない。[1] 個人の活動には限界があり、かといって政治家の善意だけでは当てにならないことも私たちは知っている。市民がいなければ政治家は無力だし、政治家がいなければ市民の影響力は広がらない。唯一《ゆいいつ》の打開策、それは政治家、企業、市民が互いに協力し合える場を作ることだ。「物語」はそれを実現するための強力な触媒《しょくばい》となる。協力といっても、三者すべてが合意するのをじっと待つわけではない。各々《おのおの》が新しいフィクションを作るために自分の役割を果たしていかなければならない。生活の仕方を見直す、職を変える、地域社会づくりに参加する。あるいは街や地域や国の議員に圧力をかけて、場合によってはその議員を辞《や》めさせるために政治的な行動に出る。あるいはまた、環境破壊を加速させる立法や制度化を阻止《そし》するために運動を起こす。そしてそれらを広め、知らせ、新たな仕組みを発明し、創造する…。その原動力となるのが一人ひとりの熱意であり、自分に見合った立ち位置や自分に与えられた才能の発見であり、毎朝起きるのが楽しみになるほど打ち込めるテーマにそれを活かす各人の能力である。

はじめは「私」に対してしか力を持たない。「私」とは、私が統治し、改革し、作り変えることのできる一つの帝国である。そして「私」自身や「私」の身の回りの環境に働きかけることは最終目的ではなく、さらなる大きな目標を実現するための第一歩である。「私の物語」を変えることは、周囲の人々に「共通の物語の種《たね》」を配ることでもある。その「共通の物語」が広く分かち合われた時こそ、何百万人もの力が一つになり、私たちの生活を支配してきた構造を変える時である。世界を一変させる時だ。いつ？　見当もつかない。具体的にはどうやって？　それもわからない。その前に崩壊が訪れるのでは？　そうかもしれない。だがそれが唯一の道だ。一日一日が小さな闘いであり、それが新しい現実を作り出す好機《チャンス》となる。今日が始まりの日だ。

参考資料

この本では具体的な行動についてはあえて触《ふ》れなかった。地球環境（そして社会）への負荷《ふか》を減らすために私たちが日々できることについては、すでに多くの本やウェブサイトが検証を行っている。

私が思うに、日常何かをするにあたって選択しなければならないとき（買い物、移動、作業、洗い物などをする際にその方法や内容を選ぶとき）、その最良の基準を見つけたいならそれが自然や他者にどのような影響を与えるのかを自問してみることだ。

もちろんその自問に答えるためにはある程度の知識がいる。商品がどのように（そして誰の手で）作られ、どのように私たちのもとに運ばれ、どのように私たちの手で処理されているのか（川に残る洗剤の残留物、アフリカのごみ処理場に廃棄される電子機器…）、それを調べることは時に退屈である。しかしその複雑な仕組みに立ち入ってこそ、はじめて私たちは自分の生きる世界を理解し、本当の意味で自分で選択したといえる。それが今何よりも必要とされていることだ。

すべてを網羅《もうら》するには遠く及ばないものの、いくつかの本とウェブサイトをここに紹介する。

本

Gaëlle Bouttier-Guérive et Thierry Thouvenot, *Planète attitude : les gestes écologiques au quotidien*, Seuil.

Christophe Chenebault, *Impliquez-vous*, Eyrolles.
Mathilde Golla, *100 jours sans supermarché*, Fayard.
Jérôme Pichon et Bénédicte Moret, *La Famille (presque) zéro déchets*, "zeguide", éditions Thierry Souccard.
Herveline Verbeken et Marie Lefèvre, *J'arrête de surconsommer !*, Eyrolles.
La collection "Je passe à l'acte", Actes Sud.
Les hors-séries du magazine *Kaizen* sur l'autonomie.

ウェブサイト

ごみゼロ一家のウェブサイト：www.famillezerodechet.com/.
日々できる行動をまとめたウェブサイト：maconscienceecolo.com/100-gestes-ecolos/.
ハチドリ工房（各人が「自分にできること」を探すことのできる、市民同士による助け合いのためのウェブプラットフォーム）：www.colibris-lemouvement.org/projets/fabrique-colibris.
コリブリ運動から生まれた共同作成地図「うちの近所」。「トランジション」（移行）を目指す一万人以上の住民が作成に参加している。オーガニック食品店、産直販売所、小規模農家支援協会（ＡＭＡＰ）、オルタナティブスクール、環境に配慮した住宅などが記載されている：www.colibris-lemouvement.org/passer-a-laction/agir-quotidien/carte-pres-chez-nous.

7　選択のとき（*163〜169*頁）

1. これに関する二つの研究がアメリカの生物学誌 *Cell* 誌2017年12月号に掲載された："A Viral (Arc) Hive for Metazoan Memory" et "The Neuronal Gene Arc Encodes a Repurposed Retrotransposon Gag Protein that Mediates Intercellular RNA Transfer", www.ulyces.co/news/un-virus-prehistorique-pourrait-etre-responsable-de-notre-faculte-de-penser/.
2. tricycle.org/trikedaily/priest-bringing-meditation-nypd/.
3. *Plaidoyer pour l'altruisme, op. cit.*, p. 868.
4. トマ・ダンズブールとダーヴィッド・ヴァン・レイブルック〔ともにベルギーの作家〕の次の著作で取り上げられている見解：Thomas d'Ansembourg et David Van Reybrouck, *La Paix, ça s'apprend !*, Actes Sud, "Domaine du possible", 2016.

さて、これから？（*170〜173*頁）

1. 本書ではこれらの提案の中身には触れないが、筆者の前著で個々の事例を取り上げている：*Demain, un nouveau monde en marche*, *op. cit.*

6　革命はいつ起きるのか（136〜162頁）

1. アメリカの作家ウィリアム・サファイアによる引用：William Safire, *Words of Wisdom*, Simon and Schuster, 1990.
2. Trad. José Malfi, A. Carrière, 2016.
3. *Demain, un nouveau monde en marche, op. cit.*
4. これらの引用や情報は次の著作を参照した：Marc Ferro, *Analyse de film, analyse de sociétés : une source nouvelle pour l'histoire*,Hachette, 1976, et *Le Cinéma : une vision de l'histoire*, Le Chêne, 2003.
5. 2017年７月12日に *Mediapart* と *Libération* のウェブサイトに発表された記事．この記事は大学教員と研究者合わせて300人の共同名義で発表された：“Banalisation de l'état d'urgence : une menace pour l'État de droit”, www.liberation.fr/debats/2017/07/12/banalisation-de-l-État-d-urgence-une-menace-pour-l-Étatde-droit_1583331.
6. www.lefigaro.fr/secteur/high-tech/2017/12/11/32001-20171211ARTFIG00240-en-chine-le-grand-bond-en-avant-de-la-reconnaissance-faciale.php.
7. www.slate.fr/story/157444/chine-police-lunettes-intelligentes-reconnaissance-faciale.
8. www.lepoint.fr/high-tech-internet/une-semaine-avec-une-puce-sous-la-peau-27-06-2015-1940461_47.php.
9. *Kaizen* 誌2012年11月号に掲載されたインタビュー．
10. 次のウェブサイトから無料でダウンロード可能：www.aeinstein.org/wp-content/uploads/2013/09/FDTD_French.pdf.
11. 次の著作を参照：Ludovic Lamant, *Squatter le pouvoir, les mairies rebelles d'Espagne*, Lux, 2016.
12. www.lemonde.fr/smart-cities/article/2017/10/23/treize-grandes-metropoles-veulent-devenir-des-territoires-sans-energie-fossile-d-ici-a-2030_5204747_4811534.html.
13. abonnes.lemonde.fr/planete/article/2017/03/13/climat-paris-vise-la-neutralite-carbone-en-2050_5093437_3244.html.
14. reporterre.net/New-York-attaque-cinq-petroliers-en-justice-pour-leur-responsabilite-dans-le.
15. 次のウェブサイトを参照：www.un.org/fr/development/desa/news/population/world-urbanization-prospects.html および www.bbc.com/news/science-environment-12881779.

トリ・ヴァンオーヴェルベーク訳，法政大学出版局，2019〕
7. アイスランドの革命については次の著作に詳しく書かれている：Pascal Riché, *Comment l'Islande a vaincu la crise*, Versilio et Rue 89, 2013 ("L'Islande, modèle de sortie de crise ?", *Libération*, 8 février 2013) および筆者の前著 *Demain, un nouveau monde en marche, op. cit.*
8. これ以外にも様々な研究や実験がベルギーの作家ダーヴィッド・ヴァン・レイブルックの前掲書『選挙制を疑う』で取り上げられている.
9. ウェブサイトを参照：humanetech.com/.
10. www.thelancet.com/journals/lancet/article/PIIS0140-6736 (09) 61166-1/fulltext.
11. Rutger Bregman, *Utopies réalistes*, trad. Jelia Amrali, Seuil, 2017〔ルトガー・ブレグマン『隷属なき道—AIとの競争に勝つ　ベーシックインカムと一日三時間労働』野中香方子訳，文藝春秋，2017〕
12. H. Roy Kaplan, *Lottery Winners : the Myth and Reality*, PhD, link.springer.com/article/10.1007/BF01367438.
13. fr.wikipedia.org/wiki/Effet_multiplicateur_du_crédit.
14. この問題については次の著作に詳しく書かれている：Bernard Lietaer et Jacqui Dunne, *Réinventons la monnaie !*, Yves Michel, 2016.
15. François Morin, *Le Nouveau Mur de l'argent : essai sur la finance globalisée*, Seuil, 2006.
16. *Demain, un nouveau monde en marche, op. cit.*
17. "The Macro-Stability of Swiss WIR-Bank Spending : Balance, Velocity, and Leverage", *Comparative Economic Studies*, décembre 2016, 58 (4), p. 570-605, link.springer.com/article/10.1057/s41294-016-0001-5?view=classic, et "Complementary Credit Networks and Macro-Economic Stability : Switzerland's Wirtschaftsring", *Journal of Economic Behavior and Organization*, octobre 2009, p. 79-95, www. JimStodder.com/WIR_Update2.
18. www.jimstodder.com/Stodder_vita.html.
19. fr.wikipedia.org/wiki/Ethereum.
20. founders.archives.gov/documents/Jefferson/03-10-02-0053.
21. www.lefigaro.fr/flash-eco/2015/08/10/97002-20150810FILWWW00214-grece-l-allemagne-a-profite-de-la-crise-etude.php.
22. *Ibid.*
23. www.france24.com/fr/20171011-bce-banque-centrale-dette-grecque-profit-interet-economie-europe.

8. www.theatlantic.com/magazine/archive/2017/09/has-the-smartphone-destroyed-a-generation/534198.
9. *Contact : pourquoi nous avons perdu le monde, et comment le retrouver*, trad. Marc Saint-Upéry et Christophe Jaquet, La Découverte, 2016, p. 335.
10. www.franceculture.fr/numerique/lawrence-lessig-la-segmentation-du-monde-que-provoque-internet-est-devastatrice-pour-la.
11. *Archives parlementaires de 1787 à 1860*, Librairie administrative de Paul Dupont, 1875.
12. Jean-Jacques Rousseau, *Du contrat social*, 1762, livre III, chap. XV〔ジャン＝ジャック・ルソー『社会契約論／ジュネーブ草稿』中山元訳，光文社，2008，第三篇第十五章 p.192〕
13. www.colibris-lemouvement.org/sites/default/files/etude_ifop_colibris.pdf.
14. www.bbc.com/news/blogs-echochambers-27074746 および journals.cambridge.org/action/displayAbstract?fromPage=online&aid=9354310.
15. *Du contrat social, op.cit.*, livre III, chap. IV〔ジャン＝ジャック・ルソー，前掲書，第三篇第四章 p.139〕

5　新しいフィクションを創る（*101〜135*頁）

1. 筆者の前著『明日―新しい世界の始まり〔未訳〕』〔本書73頁のＩ〕、貨幣についての章を参照：*Demain, un nouveau monde en marche*, Actes Sud, “Domaine du possible”, 2015, p. 184-219.
2. 2003年に *Complexity* 誌（アメリカ）に掲載されたメリーランド大学のロバート・ウラノーウィッチュとアレクサンダー・ゾラックの研究を参照のこと：Robert Ulanowicz et Alexander C. Zorach : “Quantifying the Complexity of Flow Networks : How Many Roles Are There ?” : onlinelibrary.wiley.com/doi/10.1002/cplx.10075/full.
3. www.youtube.com/watch?v=nORI8r3Jiyw（７分50秒から）.
4. Isabelle Delannoy, *L’Économie symbiotique, régénérer la planète, l’économie et la société*, Actes Sud, “Domaine du possible”, 2017.
5. *Manifeste NégaWatt*, Actes Sud, “Domaine du possible”, 2012, et Babel n° 1350, 2015.
6. これについては次の著作を参照：David Van Reybrouck, *Contre les élections*, trad. Philippe Noble et Isabelle Rosselin, Babel, Actes Sud, 2014〔ダーヴィッド・ヴァン・レイブルック『選挙制を疑う』岡﨑晴輝＋ディミ

3 歴史《イストワール》を変えるために物語《イストワール》を変える（061〜069頁）

1. George Marshall, *Le Syndrome de l'autruche, pourquoi notre cerveau veut ignorer le changement climatique*, trad. Amanda Prat, Actes Sud, “Domaine du possible”, 2017, p. 94 et 177.
2. Nancy Huston, *L'Espèce fabulatrice*, Actes Sud, 2008, p. 14.
3. フランスのチベット仏教僧侶マチウ・リカールによる引用：Matthieu Ricard, *Plaidoyer pour l'altruisme, op. cit.*
4. Yuval Noah Harari, *Homo Deus : une brève histoire de l'avenir*, trad. Pierre-Emmanuel Dauzat, Albin Michel, 2017, p. 168〔ユヴァル・ノア・ハラリ『ホモ・デウス―テクノロジーとサピエンスの未来』柴田裕之訳，河出書房新社，2018〕
5. このテーマについて行われた最初の科学調査とドイツの作家テア・フォン・ハルボウの原作小説から着想を得て制作された映画.
6. ソ連の映画監督ヴァシリー・ジュラヴリョフの映画.
7. インタビュー Jean-Gabriel Ganascia, *Le Nouveau Magazine littéraire*, 15 février 2018.
8. www.les-crises.fr/la-fabrique-du-cretin-defaite-nazis.

4 現在のフィクションを支えているもの（070〜100頁）

1. *La Troisième Révolution industrielle*, *op. cit.*〔ジェレミー・リフキン，前掲書，p.340-341〕
2. www.lepoint.fr/economie/le-salaire-du-dealer-15-12-2011-1408690_28.php.
3. www.lemonde.fr/sciences/article/2017/05/31/la-surexposition-des-jeunes-enfants-aux-ecrans-est-un-enjeu-majeur-de-sante-publique_5136297_1650684.html.
4. トリスタン・ハリスが引用したアメリカの情報学者グロリア・マークとマイクロソフトによる共同研究．TED Talk : www.ted.com/talks/tristan_harris_how_better_tech_could_protect_us_from_distraction.
5. www.theguardian.com/technology/2017/oct/05/smartphone-addiction-silicon-valley-dystopia.
6. TED Talk : www.ted.com/talks/tristan_harris_how_better_tech_could_protect_us_from_distraction.
7. www.nouvelobs.com/rue89/rue89-le-grand-entretien/20160604.RUE3072/tristan-harris-des-millions-d-heures-sont-juste-volees-a-la-vie-des-gens.html.

les_camps_de_concentration.pdf.
2. bibliobs.nouvelobs.com/idees/20161229.OBS3181/trier-manger-bio-prendre-son-velo-ce-n-est-pas-comme-ca-qu-on-sauvera-la-planete.html.
3. partage-le.com/2017/01/le-piege-dune-culpabilite-perpetuelle-par-will-falk/.
4. partage-le.com/2015/03/oubliez-les-douches-courtes-derrick-jensen/, traduction de Vanessa Lefebvre et Nicolas Casaux. 原文（英語）は次のウェブサイトを参照 : www.derrickjensen.org/2009/07/forget-shorter-showers/.
5. 2013年のフランスにおける割合 : observatoire-electricite.fr/notes-deconjoncture/La-consommation-d-energie-en-320.
6. 引用元は partage-le.com/2015/03/oubliez-les-douches-courtes-derrickjensen/, traduction de Vanessa Lefebvre et Nicolas Casaux. 原文（英語）は次のウェブサイトを参照：www.derrickjensen.org/2009/07/forget-shorter-showers/.
7. 次のウェブサイトの報告を参照 : *Toute l'Europe* : www.touteleurope.eu/actualite/l-europe-s-invite-au-grenelle-de-l-environnement.html.
8. abonnes.lemonde.fr/planete/article/2017/01/31/les-ventes-de-pesticides-en-france-ont-baisse-pour-la-premiere-fois-depuis-2009_5072293_3244.html.
9. フランソワ・ミッテランの親族から伝え聞いた言葉．次のウェブサイトにも記載されている：blogs.mediapart.fr/pizzicalaluna/blog/191213/danielle-mitterrand-la-democratie-n-existe-ni-aux-usa-ni-en-France.
10. partage-le.com/2015/03/oubliez-les-douches-courtes-derrick-jensen/, traduction de Vanessa Lefebvre et Nicolas Casaux. 原文（英語）は次のウェブサイトを参照 : www.derrickjensen.org/2009/07/forget-shorter-showers/.
11. カンター・ワールドパネル社（イギリス）の調査に基づく（2016年1月）.
12. www.latribune.fr/entreprises-finance/services/distribution/distribution-l-influence-croissante-des-centrales-d-achats-europeennes-554736.html.
13. www.agencebio.org/comprendre-le-consommateur-bio.
14. blogs.mediapart.fr/mariethe-ferrisi/blog/070513/la-strategie-de-choc-du-chili-la-grece.
15. Guillaume Pitron, *La Guerre des métaux rares – la face cachée de la transition économique et numérique*, Les Liens qui libèrent, 2018.
16. partage-le.com/2015/03/oubliez-les-douches-courtes-derrick-jensen/, traduction de Vanessa Lefebvre et Nicolas Casaux. 原文（英語）は次のウェブサイトを参照 : www.derrickjensen.org/2009/07/forget-shorter-showers/.

15. www.sciencesetavenir.fr/nature-environnement/l-inde-rattrape-la-chine-en-nombre-de-morts-de-la-pollution_110560.
16. www.who.int/mediacentre/news/releases/2016/deaths-attributable-to-unhealthy-environments/fr/.
17. “The Joint Effect of Air Pollution Exposure and Copy Number Variation on Risk for Autism”, *Autism Research*, 27 avril 2017. また次の記事も参照のこと：“Exposure to Ozone Kicks Up Chances of Autism 10-Fold in At-Risk Kids”, www.sciencealert.com/exposure-to-ozone-kicks-up-autism-risk-10-fold-for-those-with-high-genetic-variability.
18. ipcc-wg2.gov/ar5/.
19. Marshall Burke, Solomon Hsiang et Edward Miguel, “Climate and Con flict”, *Annual Review of Economics*, août 2015, vol. 7, p. 577-617, ssrn.com/abstract=2640071 または dx.doi.org/10.1146/annurev-economics-080614-115430 を参照.
20. news.un.org/fr/story/2008/12/145732-climat-250-millions-de-nouveaux-deplaces-dici-2050-selon-le-hcr#. WL02uxI1_-a.
21. www.leparisien.fr/espace-premium/fait-du-jour/10-millions-d-hectares-de-terres-cultivees-hors-de-leurs-frontieres-30-06-2016-5926767.php.
22. www.statistiques.developpement-durable.gouv.fr/publications/p/1939/1539/47-millions-poids-lourds-transit-travers-france-2010-moins.html.
23. フランスにおける数字：www.salon-technotrans.com/le-transport-en-chiffres/.
24. Jeremy Rifkin, *La Troisième Révolution industrielle*, trad. Françoise et Paul Chemla, Les Liens qui libèrent, 2012〔ジェレミー・リフキン『第三次産業革命―原発後の次代へ　経済・政治・教育をどう変えていくか』田沢恭子訳，インターシフト，2012〕
25. tempsreel.nouvelobs.com/sciences/20170628.OBS1345/rechauffement-climatique-il-ne-reste-que-3-ans-pour-inverser-la-tendance.html.
26. abonnes.lemonde.fr/planete/article/2017/11/13/le-cri-d-alarme-de-quinze-mille-scientifiques-sur-l-État-de-la-planete_5214185_3244.html.
27. www.liberation.fr/debats/2017/08/23/de-la-fin-d-un-monde-a-la-renaissance-en-2050_1591503.

2　一つひとつの行動に価値がある、もし…（*038～060*頁）

1. sepia.ac-reims.fr/clg-les-jacobins/-spip-/IMG/pdf/La_resistance_dans_

原注

はじめに（*013〜019*頁）

1. *On n'est pas couché*, France 2, 12 décembre 2015, www.youtube.com/watch?v=XS1e3W3upd8.
2. org/fr/global-climate-march/.
3. www.theguardian.com/environment/live/2015/nov/29/global-peoples-climate-change-march-2015-day-of-action-live.

1　あなたの想像を上回る現状（*020〜037*頁）

1. Michel Serres, *C'était mieux avant !*, Le Pommier, 2017.
2. Matthieu Ricard, *Plaidoyer pour l'altruisme*, NIL, 2013.
3. オックスフォード大学の経済学者マックス・ローザーはこれについて印象的なグラフをいくつも作成している：ourworldindata.org/slides/war-and-violence/#/title-slide.
4. www.fao.org/news/story/fr/item/288345/icode/.
5. www.inegalites.fr/L-acces-a-la-medecine-inegalement-reparti-dans-le-monde?id_theme=26.
6. www.planetoscope.com/forets/274-deforestation---hectares-de-foret-detruits-dans-le-monde.html.
7. nymag.com/daily/intelligencer/2017/07/climate-change-earth-too-hot-for-humans-annotated.html.
8. Seuil, coll. “Anthropocène”, 2015.
9. www.carbonbrief.org/major-correction-to-satellite-data-shows-140-faster-warming-since-1998.
10. www.independent.co.uk/news/business/news/bp-shell-oil-global-warming-5-degree-paris-climate-agreement-fossil-fuels-temperature-rise-a8022511.html.
11. twitter.com/WMO/status/913793472087371776.
12. Steven C. Sherwood et Matthew Huber, “An Adaptability Limit to Climate Change Due to Heat Stress”, *pnas*, www.pnas.org/content/107/21/9552?ijkey=cf45cb85674d389513fa07106f0da491d045cda2&keytype2=tf_ipsecsha.
13. Trad. Agnès Botz et Jean-Luc Fidel, Gallimard, 2006.
14. Trad. Alternative planétaire, Souffle court, 2011.

謝辞

文章の校正に辛抱《しんぼう》強く親身に取り組んでくれたエヴァ・シャネ、アンヌ＝シルヴィー・バムール、ジャン＝ポール・カピタニ、アイテ・ブレッソンに多大なる感謝の意を表す。またこの本の出版に欠かすことのできない調整業務に携《たずさ》わってくれたエメリンヌ・ラコンブにも謝意を表したい。

この本で引用したすべての著者に感謝の意を表す。その研究や思想からは非常に多くのことを学ばせていただいた。なかでも敬愛する作家であり友人であるナンシー・ヒューストンに特別な謝意を表したい。彼女の著書『空想する種《しゅ》〔未訳〕』はこの四年間の私の仕事に最も大きな影響を与え、私の世界観を揺《ゆ》るがせ、この本の原点となった作品の一つである。

ときに集中が途切れがちになる父親の機嫌《きげん》の変化に付き合ってくれたパブロとルーに感謝する。

そしていつも私の作品を読み、私を信頼し、ひらめきを与えてくれるファニーに感謝する。

訳者あとがき

本書はアクト・シュッド社より二〇一八年に出版された *Petit manuel de résistance contemporaine : récits et stratégies pour transformer le monde* の全訳である。著者のシリル・ディオンCyril Dionはフランスの作家・映画監督・環境活動家であり、二〇一五年公開の女優メラニー・ロランとの共同製作映画『TOMORROW パーマネントライフを探して』で一躍《いちやく》有名となった。環境と人間社会をテーマに、食、エネルギー、経済、民主主義、教育の新しいあり方を模索《もさく》する、創造的な取り組みを紹介したこのドキュメンタリー映画は、フランスのアカデミー賞にあたるセザール賞を受賞し、日本を含む世界三一の国と地域で公開された。本書は映画公開後に世界各国を回って行われた討論の成果がベースとなっており、生き方を変えようとする人たちに道筋を示すガイドブックとして、フランスおよび世界で広く支持を集めている。

シリル・ディオンは一九七八年、フランス・パリ西部のポワシーで生まれた。演劇学校を卒業し、当初は役者として活動したり、反射療法を学びマッサージ師として働いたりもしたが、二〇〇三年からはイスラエル‐パレスチナの和平問題に関わるようになった。二〇〇五年と二〇〇六年には、「和平のためのラビ〔ユダヤ教の指導者〕とイマーム〔イスラム教の指導者〕世界会議」の開催のために両地域間を奔走《ほんそう》し、このときの経験から、小説『*Imago*〔未訳〕』（二〇一七）の着想を得ている。

二〇〇六年の終わりには循環型社会を目指す運動体「コリブリ」（ハチドリの意）の創設をきっかけに、環境活動家としての道を歩み始める。以前から親交のあったピエール・ラビの誘《さそ》いで、数人の仲間とともに設立したこの団体は、自然と人間が共存できる新しい社会づくりを目標に活動している。団体の名前は、日本でもよく知られるようになった北アメリカ先住民族に伝わるハチドリの民話に由来している（本書三八〜三九頁）。シリル・ディオンは二〇一三年までこの運動体の代表を務めた。その間、本書の原出版社アクト・シュッド社と連携してドメーヌ・デュ・ポシーブル叢書《そうしょ》（本書も同叢書の一冊である）の編集・発刊や、環境・社会問題を扱う雑誌『*Kaizen*』の共同創刊に携《たずさ》わっている（雑誌の名前は日本語の「改善」に由来しており、革命のように一夜にして変革を成そうとするのではなく、日々少しずつ変化に取り組むことが大切だというメッセージが込められている（本書一四三頁））。二〇一四年には自身初となる詩集『*Assis sur le fil*〔未訳〕』を出版している。

二〇一五年の映画公開以降は、国内各地での講演会やテレビ・ラジオへの出演など様々な形でメッセージを発信し、フランスの環境政策を変革に導く旗手《きしゅ》とみなされている。二〇一九年にはエマニュエル・マクロン大統領と会談し、「気候変動に対する市民議会」の招集を実現した。

本書で語られるのは、過剰《かじょう》な消費社会に暮らす私たちが新しい生き方を見つけるには何が求められているのか、それを発見するための実践方法である。著者はそれを「レジスタンス」（抵抗運動）という言葉で表現している。文化や社会背景、環境問題に対する意識など、フランスと日本とでは当然異なる点が多く、本書の受け止め方も様々であろうが、その問題提起の斬新《ざんしん》さと射程の広さを前にして、私たち日本の読者にも気づかされることの多い非常に刺激的な作品となっている。その内容もさることながら、作品全体を通して読み取れる著者の感性の鋭《するど》さ、記述を追うごとに見えてくる著者の行動力、そして行動に裏づけられた言葉の力強さといったものも、同時に感じていただければ訳者冥利《みょうり》に尽きる。なお、原著中の誤植と思われる箇所については、著者の了承を得たうえで修正したことをお断りしておく。

ここで本書の中核となる「物語」と、個人の生き方を創造する「レジスタンス」（抵抗運動）の二点について簡単に触《ふ》れておきたい。

ここでの「物語」とは、小説や映画、漫画などの純粋なフィクションから、宗教、政治、科学、社会通念、あるいは日々の会話といった実生活に関するものまで、人間が想像し創り出したありとあらゆるものを指す。「物語」は私たちが見ている世界そのものであり、認識や行動、社会形成の元となる人間の本源的な活動である。人間は「物語」によって物事に意味を与え、世界を構築し、またそこから新しい何かを生み出していく。それは一人ひとりが自分の内部や外部から刺激を受けることで独自に創り上げる世界でありながら、同時に集団として共有される世界でもある。例えば、日本の言語文化を生きる私たちは、ばらばらの個人でありながら、日本語という共通言語・価値体系を持つ集団を形成し、その中で生活している。個人の感覚は集団の基準と不可分である一方で、言葉や社会の移り変わりに見られるように、集団の基準もまた個人のあり方によって変化していく。人間社会を取り巻く「物語」という観点から見れば、個人と集団を明確に線引きすることは不可能であり、両者はいわば相互に影響し合う関係性として捉え直される。

現代社会は消費主義という物語によって導かれていると著者はいう。個々人の「物語」を創造する力は、現代においては社会を導く集団の物語から生じる「構造」によって、際限なき消費へと誘導されている。この「構造」は、個人の日常の時間の使い方までをも具体的に規定している。労働や娯楽など、第4章で描かれる生活習慣に自分の生活を重ねる人も多いのではないだろうか。これら構造に対抗する手段を生み出し、個人の創造力を起点に新しい集団の「物語」を創造することを、著者は「現代のレジスタンス（抵抗運動）」と呼ぶ。

レジスタンスとは元々、第二次世界大戦中のナチスドイツ占領下で展開されたフランス市民による反ナチス抵抗運動を指す。ナチスの圧倒的な暴力支配に抵抗するために、様々な形で個人が立ち上がり、レジスタンスを組織した。シャルル・ド・ゴール将軍（本書一一八頁）の呼びかけに応える形で抵抗運動は徐々に広まっていき、大きな集団をなし、ナチスに対する現実の脅威《きょうい》になるまで育っていった。著者はそうした歴史的展開を念頭に、暴力による対立とは異なる「現代のレジスタンス」を読者に呼びかける。一方的な力による支配が続く中、個人が立ち上がらなければ現実を変えることはできないという切迫感は、たしかに当時も今も似通っているといえるかもしれない。

現代のレジスタンスの実践手段として具体的に描かれるのは、それ自体では十分な力を持ちえない個人の物語を複数の人々のあいだで共有し、協力し合って広めていくことだ。一見すると、既存の物語に対抗する新しい物語を打ち立てるという構図に目が行きがちだが、それだけではなく、著者の視線が常に目に見える人々に向けられていることに注意したい。レジスタンスの出発点となるのはあくまで個人と、個人の身の回りにいる人たちだ。その活動は国の政治や社会全体に向けられるのではなく、自身と、自身の生活圏に暮らす人々に向けられる。本書で取り上げられる人たちも、どうしたら世界を変えられるかではなく、どうしたら自分が暮らす街の人々に興味を持ってもらえるかに頭を悩ませている。本書で例示されているように、その答えが犬の糞《ふん》対策であったりビール醸造所建設《じょうぞうしょ》（本書一四六〜一四八頁）であったりするのは実に興味深い。そこには人間同士の細やかな交流から生み出される力の重要性が見て取れる。生活者同士が共有できる活動にどれだけ真剣に取り組めるかが、個人の物語を集団の物語へと育て上げ、具体的な形として何かを「創造」していくための鍵《かぎ》となるだろう。集団としての運動ではなく、集団の中にいる等身大の個人の活動に焦点を当てることで、世界規模のエコタウン運動にせよ、民主化運動にせよ、第6章に描かれる創造の軌跡《きせき》は具体性を帯びるはずだ。おそらくその原動力となるのは、著者が随所《ずいしょ》で語っているように、新しい生活のあり方を創造しようとする行為そのものの喜びであろう。

こうした視点を獲得することで初めて、個人から出発し街や地域といった単位にまで物語を広げていくことの意義も見えてくる。既存の構造に対抗できるだけの十分な大きさを持つ構造を描くことにより、初めて個人と集団の物語は社会を変える力を持つに至る。ここでいう変えるべき社会とは、先に触れた消費主義社会のことであり、過剰な消費活動によって人間を含めた生き物、自然、地球上のあらゆる存在の未来を脅《おびや》かしている社会のことである。気候変動という世界規模の差し迫った問題に個人の物語が実効力を持つためには、「小さな行為」にとどまらず、これを多くの人々が共有する集団の物語へと発展させていくことが不可欠になるのである。

しかし、物語を人々に広めることだけが「現代のレジスタンス」ではない。「物語はどこから生まれてくるのか」（本書一六五頁）という問いかけの中に、著者が説くもう一つのレジスタンスの実践があるように思われる。この問いかけは、おそらくは物語を広める以上に大切な、人間と自然との関係という問題に読者を立ち返らせてくれる。

人間は「空想する種《しゅ》」（ナンシー・ヒューストン。本書六二頁）であると同時に、他の生き物と同じ自然に生きる生命でもある。個々の生命は死を内包しており、そのもとでそれぞれの生命は独立した世界を創り出している。しかし人間が創造してきた集団の物語は死を拒絶し、どこまでも発展していく終わりのない虚構《きょこう》の世界を夢見ている。その意味で、人間は、「生命」と「物語」が形づくる二重性の世界を生きているともいえるだろう。そして、消費主義社会の現代にあっては、個体としての生命から立ち上がってくる物語と、個体としての生命から離れたフィクションとしての物語とがせめぎ合い、両者のあいだには少なからぬずれが生じている。新しい物語、新しいフィクション（本書第5章）を創造していくために、著者は生命＝死を持つ自然としての人間に目を向けながら、人間の意識のあり方を問う。

著者が「地下鉄の轟音《ごうおん》やスクリーンの点滅」といった消費社会を象徴する描写に対置させるのは、「身体の声に耳を傾けること」で得られる「静けさ」だ（本書一六五頁）。ここで提起されているのは、「所有」という現代人の画一的な欲望のあり方への疑問である。何かを所有するために費やされる時間、つまり自分が欲するものを自分が獲得・支配するために費やされる時間は、ひたすら自己利益のみを追求させ、自然や他者など自分以外の存在と向き合う余地を失わせるとともに、人間としての「感覚」を消耗させていく。ところが実際には、この欲望によって毀損《きそん》される「感覚」こそが、一人ひとりの「世界＝物語」を彩《いろど》る感情の源泉なのであり、人々を行動へと駆《か》り立てる原動力なのである。新しい物語を創造していくためには、その起点となるはずのそれぞれの人間が、消費と結びついた個人の物語を見つめ直すことから始めなければならないだろう。それはつまり、「所有」

という物語を手放し、生命＝死を持つ自然としての人間本来の時間を取り戻すことである。

著者のいう「新しい物語」とは、所有や支配の欲望から生まれる物語とは異なる物語である。自然や他者、自分以外のあらゆる存在に対する利他という態度は、自分と他者とのあいだに損得では清算できない関係性を導き入れる。自然や他者を想い、その存在を感じ、心を通わせることで、人間は周囲の変化に敏感な、感覚的主体としての自分を発見することができるようになる。また、消費社会が作り出す目の前の現象は同じでも、それを今までとは異なる視点で見たり感じたりすることができるようになる。いわゆる「習慣からの脱却」（本書一六八頁）とは、他者や自然との一義的な関係を見直し、世界と自分との関係性を作り直すことに他ならない。そうすることで、物事には新たな意味が与えられていく。感覚する力を養《やしな》うこと、それは物語が生まれてくる土壌を作るうえで欠かせないものなのだ。

自分の周囲のごく身近な世界から、より多く、より深くを感じ取り、そこから物語を創造し、それを身近な人々一人ひとりに伝えていく。本書の後半、第6章と第7章が描くのは、この一連の創造の軌跡である。著者は現代世界に生じているあらゆる現象に視線を向ける。気候変動、環境汚染、貧困、食糧、資源、難民、紛争、都市化、コミュニティー、情報、テクノロジー、金融、自治、社会運動…。これらに向き合う著者の言葉からは、他者や自然との関係性から生まれ、また人々のあいだに伝播《でんぱ》していく「物語のうねり」というものを感じ取ることができる。

訳者は二人とも三〇代で、縁《えん》があってこの作品の翻訳《ほんやく》に携わることができた。二〇一六年、パリで初めてシリル・ディオンの映画『ＴＯＭＯＲＲＯＷ　パーマネントライフを探して』を観《み》たときのことは、今でも強く心に残っている。上映が終わると観客は一斉《いっせい》に立ち上がり、映画館は万雷《ばんらい》の拍手に包まれた。テロ直後の陰鬱《いんうつ》な雰囲気を吹き飛ばそうとするかのように、拍手はなかなか鳴りやまなかった。あれから四年が経ち、こうして彼の作品を紹介することで、私たちも、「新しい物語」の創造へ向かう最初の一歩を踏み出せたように思う。

この度の訳出を通して、幸運にも著者とテレビ電話を通じて直接会話する機会を得た。訳者の質問に一つひとつ丁寧《ていねい》に答える著者の声からは人としての温かみが、そのまなざしからは社会のあり方を変えるために行動するはっきりとした意志が感じられた。レジスタンスという言葉が喚起《かんき》するイメージについて尋ねたところ、闘いではなく、勝利に向かう喜びのイメージが強いとのことだった。原書の表紙には、一九六八年五月に起きた社会運動（パリ五月革命）の勝利を祝うピースサインの写真が使われている。自ら先頭に立って変化の必要性を訴《うった》える著者の行動力は、まさに今、フランス社会に大きな影響を与えている。

二〇一九年一〇月から、フランスでは「気候変動に対する市民議会」が開かれている。この議会は、性別・年齢・教育・職業などの分布を考慮したうえで、抽選《ちゅうせん》により選ばれた様々な層からなる一五〇人の市民によって構成されている。その目的は、二〇三〇年までに温室効果ガスの排出を一九九〇年比で四〇%以上削減《さくげん》するための法案を作成することにある。作成された法案は、国会での投票または国民投票により審議《しんぎ》されるか、審議を経ず直接発効される。このフランス初となる直接民主制に基づく議会の招集を大統領に直訴《じきそ》したのが著者である。本書で述べられている「市民の手による政治」（本書一二二頁）というフィクションが、早くも現実のものとなった。この試みは、「市民の復権」というフランス革命以来の歴史的なテーマとも重なって、フランス市民の心を摑《つか》んでいる。まさに本書が描く「現代のレジスタンス」を先頭に立って実践する著者の行動力と創造力には驚かされるばかりである。著者の存在は、フランスのみならず、世界中の、新しい生き方を模索《もさく》する多くの人々の背中を押してくれるだろう。

二〇二〇年二月現在、著者は映画『*Animal*』の撮影に取り組んでいる。年内公開予定と聞く。また一つ、著者の新たな「物語」に出会えることを楽しみにしている。

＊　＊　＊

著者の映画と出会ってから本書の出版までの道のりを支えてくれたシリル・ディオン氏、アシスタントのマリアンヌ・マム氏、アクト・シュッド出版社のイザベル・アリエル氏、在日フランス大使館／アンスティチュ・フランセ日本のサラ・ヴァンディ氏、フランス著作権事務所のコリーヌ・カンタン氏には大変感謝している。

カバー写真は、訳者が世の中の見方や生き方を教えてもらった写真家の津田直氏にお願いした。現代の社会構造が出来上がる以前の時間軸《じく》に視点を置いた、アイルランドの古代遺跡を巡る旅の写真を提供していただいた。この場を借りて御礼申し上げたい。

新評論の山田洋氏には大変お世話になった。訳文の細かなチェックや表現に関するご指摘など、実に様々な面から訳者を支えていただき、また非常に多くのことを学ばせていただいた。ここに厚く御礼申し上げたい。

最後にこの書籍を手にとってくださった読者の方々に感謝申し上げる。本書が訳者と同様に読者の皆様の背中を押してくれる一書となれば嬉《うれ》しく思う。

二〇二〇年三月三日

丸山　亮
竹上沙希子

著者紹介

シリル・ディオン（Cyril Dion）

1978年フランス・ポワシー生まれ。作家・映画監督・環境活動家。演劇を学び、俳優として活動。その後パレスチナ・イスラエルの和平問題に従事する。2007年、循環型社会を目指す運動体「コリブリ」（ハチドリ）の設立に携わり、2013年まで同団体の代表を務める。2012年には社会・環境雑誌『*Kaizen*』を共同刊行、また出版社アクト・シュッド社にてドメーヌ・デュ・ポシーブル叢書を刊行、編集を務める。2015年環境と人間社会をテーマにしたドキュメンタリー映画『TOMORROW　パーマネントライフを探して』を女優メラニー・ロランと共同製作、セザール賞を受賞し、世界的な脚光を浴びる。小説や詩の出版、政府への提言活動等、幅広い分野で活躍中。2020年、新作映画『*Animal*』がフランスで公開予定。

訳者紹介

丸山亮（まるやま・りょう）

1986年横浜生まれ。早稲田大学第一文学部仏文専修卒業。2014年から2017年までパリの日本文化機関に勤め、帰国後、翻訳家として活動を始める。20世紀のフランス思想・文学を専門とする。

竹上沙希子（たけがみ・さきこ）

1982年大阪生まれ。パリ第７大学応用外国語学部英語・日本語専攻修了。幼少期より計23年フランスに暮らし、学生時代に通訳者として活動を開始。現地で民間企業、日本文化機関に勤務後、2017年日本に拠点を移し、文化や社会に関する通訳・翻訳に携わっている。

未来を創造する物語
――現代のレジスタンス実践ガイド

（検印廃止）

2020年４月24日　初版第１刷発行

訳　者　丸山亮
　　　　竹上沙希子

発行者　武市一幸

発行所　株式会社 新評論

〒169-0051 東京都新宿区西早稲田3-16-28
http://www.shinhyoron.co.jp
TEL 03（3202）7391
FAX 03（3202）5832
振替 00160-1-113487

定価はカバーに表示してあります
落丁・乱丁本はお取り替えします

装幀　山田英春
印刷　フォレスト
製本　中永製本

ISBN978-4-7948-1145-5
Printed in Japan